スタンダード

力　　学

九州大学教授
理学博士
河辺哲次　著

裳華房

STANDARD MECHANICS

by

Tetsuji KAWABE

SHOKABO

TOKYO

は じ め に

本書は，大学の理工系学部における基礎教育レベルの力学のテキストである．力学を学ぶことは，身の周りのいろいろな現象に対する物理学的なものの見方とそれらを数学的に取扱う力を養う上で絶好の機会である．また，力学は，ほかのさまざまな分野の現象や法則を理解するための基礎を与えるものが多く，その修得は理工系学生にとって必須のものといえる．

本書では，基礎的な事項をできるだけ論理と数式の両面から平易に理解できるように説明を心がけた．その際に特に気をつけたことは，さまざまな式や法則の導出のときに，途中の細かな計算や式の変形などによって話の筋道を見失わないようにするために，計算の細かな部分は適宜，［問］という形で分離して，論理の流れがすっきりとわかるようにしたことである．つまり，「木を見て森を見ず」にならぬように努めたことである．

物理の法則や現象を正しく理解するためには，具体的な問題の解法を習得する必要がある．そのため，本文中に［例題］と章末ごとに［演習問題］を設けた．特に，［演習問題］は本文の内容を補完する役目も担っているので，詳しい解答を巻末に付して，各章の理解が深まるようにした．ぜひ，各自で解くように努めて欲しい．

なお，本書を効果的に学ぶための参考として，各章で取扱う主な物理法則，物理概念，数学的事項を次の表に示す．

章　名	物理法則，物理概念	数学的事項
1.　運動を特徴づける量	質点，座標，自由度	ベクトル，微分
2.　運動の法則	慣性，慣性系，力，加速度	微積分
3.　仕事とエネルギー	ポテンシャル，保存力，力学的エネルギー保存則	スカラー積，偏微分
4.　いろいろな振動	調和振動，共振，カオス	三角関数，指数関数，非同次方程式
5.　中心力を受ける質点の運動	角運動量保存則，万有引力	ベクトル積，極座標表示
6.　質点系の運動	運動量保存則，重心座標系，多体系	ベクトル計算
7.　剛体の運動	回転運動，慣性モーメント，テニスラケットの定理	多重積分
8.　相対運動	見かけの力，非慣性系	座標変換

最後に，本書完成に至るまでの間，本文が読みやすくなるようにいろいろと細部にわたるまで懇切丁寧なコメントやアドバイスを頂いた，裳華房企画・編集部の小野達也氏に厚くお礼を申し上げたい．

2005年12月

河辺哲次

目　　次

第1章　運動を特徴づける量

第2章　運動の法則

第3章　仕事とエネルギー

第4章　いろいろな振動

第5章 中心力を受ける質点の運動

第6章 質点系の運動

第7章 剛体の運動

第8章 相対運動

付録 数学公式

第 1 章

運動を特徴づける量

本章のねらい

① 質点という抽象的な概念を理解する．

② 座標系の選び方と自由度を理解する．

③ 位置ベクトルと変位ベクトルの違いを理解する．

④ 質点の運動状態を表す速度と加速度を理解する．

1.1 質点と座標系

2 3

物体の運動の本質的な特徴をあいまいさなく記述するために，大きさをもたず質量だけをもつ質点という抽象的な概念を導入する．そして，物体の位置を定めるために空間に座標系を設定して，質点の時々刻々と変化する動きを調べる．

1.1.1 質　点

いま，広いグランドの中に立って，遠くにある的(まと)を狙ってボールを投げたとしよう．ボールは空中に弧を描いて飛んでいき，うまく的に当たるかもしれないし，あるいは，的を外れて地面に落ち，弾みながら転がっていくかもしれない．どのようにボールを投げれば，どこまで届くか，ボールを的に当てるためにはどのように投げればよいか，これらはまさに物理の問題といえる．

ボールが空中に弧を描きながら飛んでいき，やがて地上に落下する運動は，ボールにはたらく下向きの力（重力）や空気による抵抗力のために運動状態が時々刻々と変化することによって起こる．このように，運動が力によってどのように変化するかを取扱うのが**力学**である．

図 1.1 のようにボールが空間を飛んでいる運動を調べるような場合，空間におけるボールの位置を時々刻々と記していけば，運動の完全な記録が得られる．そのために，まず物体の位置を決める方法を考えよう．

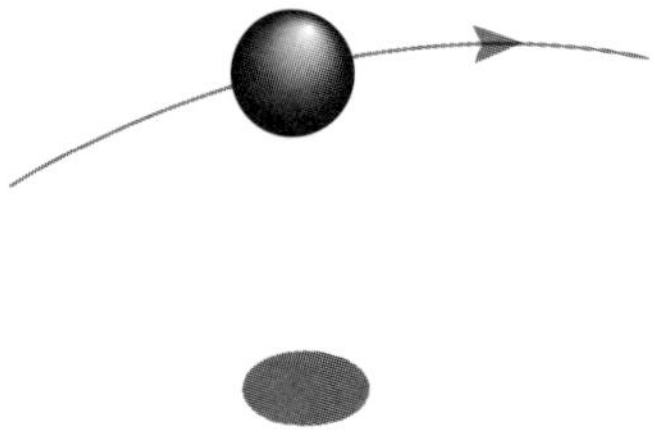

図 1.1　ボールの軌道

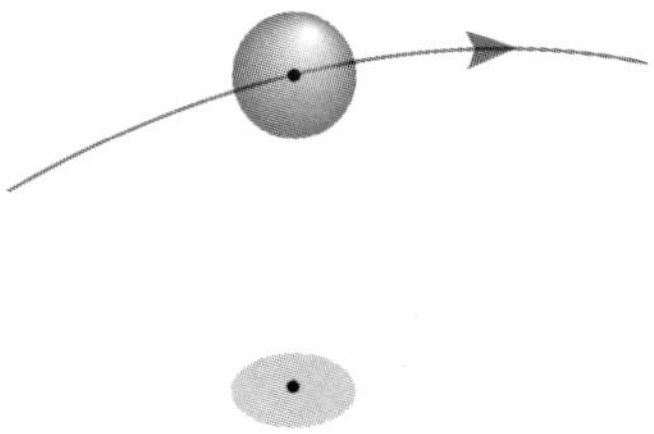

図 1.2　質点の軌道

現実のボールには大きさがあるので，そのままだと位置の指定があいまいになる．そこで，図 1.2 のようにボールの中心の位置を考え，そこにボールの**質量**が集まっていると想像してみよう．このような点によって大きさをもったボールが表せれば，位置の指定にあいまいさがなくなる．このように物体の大きさを問題にせずに，質量をもった点として扱うとき，これを**質点**（しつてん）という．実際には投げたボールは回転したり振動したりするので，それらの運動をすべて考えるとなると，その扱いは非常に難しくなる．しかし，質点という大きさのない理想的なモデルを導入すると，回転，振動などを無視できるので，ボールの運動は非常に簡単に扱えるようになる．

大きさをもった物体を 1 個の質点と見なし，その運動を議論するのが**質点の力学**である．一方，物体の大きさを無視せずにその運動を考える場合には，多数の質点から成り立つ系というものを考える．これを**質点系**とよび，その運動を議論するのが**質点系の力学**である．

どの程度の大きさのものまでを質点と見なせるかは，考えている問題による．例えば，地球でも太陽の周りの公転だけを扱うときは質点と見なしてよい．しかし，大きさが 10^{-10} m というような極めて小さい原子でも，その内部構造を研究するような場合には大きさを無視できない．要するに，何を問題にするかによって，対象とする物体を質点と見なせるか，見なせないかが決まるのである．質点は，現実の物体の運動を数式化するときに用いる抽象的なモデルである．このため実際に問題を考えるときには，ボールとか地球とか具体的な物体の運動をイメージして，何を問題としているかを明瞭にすることが大切である．

したがって，これから学んでいく質点の力学において，物体という言葉をときどき用いるが，そのときは質点を意味していると考えてほしい．

1.1.2 座 標 系

質点が運動すると，その位置は時間とともに変化する．時々刻々と移動する質点の位置をつないだものが，その質点の軌道を表す．このような軌道を厳密に表現するためには，座標系を導入し，質点の位置を指定する座標と次節で述べるベクトルを考える必要がある．

3次元直交座標系（$\boldsymbol{x}, \boldsymbol{y}, \boldsymbol{z}$）

任意にとった1点を**原点**に選び，ここを通って互いに直交する3つの直線を考え，これらの直線を**座標軸**と名づける．図1.3に示すように，空間の1点Pは3つの独立な変数の値（x, y, z）で決まる．このような変数の組を点Pの**座標**といい，その変数の1つ1つを座標の**成分**という．逆に3個の実数の組（x, y, z）を与えるとこれを座標とする1点Pが定まるので，このことをP(x, y, z) と表

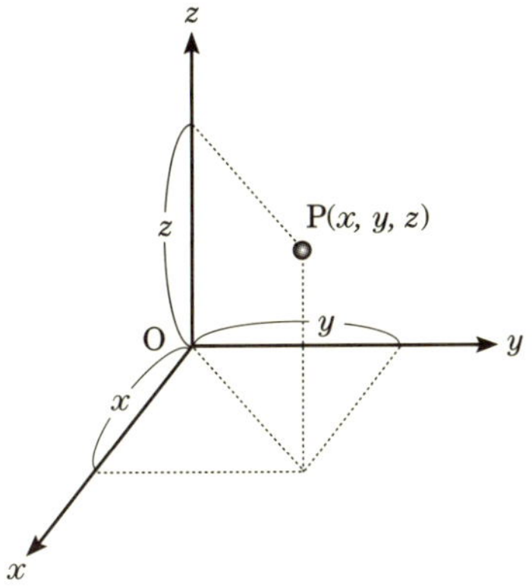

図1.3 3次元直交座標系

す．座標軸 x, y, z の組を**座標系**といい，図 1.3 の座標系を 3 次元直交座標系という．

いろいろな座標系

質点の位置を表すものとして，この 3 次元直交座標系以外にもいろいろな座標系があるが，大事なことは，問題を解きやすくする座標系を選ぶことである．よく使われる座標系として，2 次元の問題に対しては 2 次元直交座標系や 2 次元極座標系がある．また，3 次元の問題に対しては円筒座標系や 3 次元極座標系などがある．

2 次元直交座標系（$\boldsymbol{x}, \boldsymbol{y}$）

3 次元直交座標系で $z = 0$ として定義される座標系が，図 1.4 のような（x, y）平面に対する 2 次元直交座標系である．点 P の位置は座標（x, y）で表される．この座標系は，2.2 節で学ぶ重力のもとでの物体の放物運動を扱う場合に便利である．

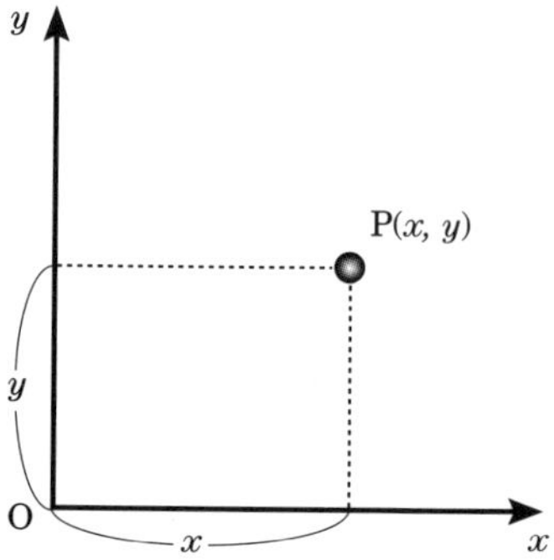

図 1.4　2 次元直交座標系

2 次元極座標系（$\boldsymbol{r}, \boldsymbol{\theta}$）

2 次元直交座標系における点 P（座標（x, y））と原点 O の間の距離を r とすれば，$r = \sqrt{x^2 + y^2}$ の関係がある．また，図 1.5 からわかるように（x, y）と（r, θ）の間には

$$x = r\cos\theta, \qquad y = r\sin\theta \qquad (1.1)$$

という対応関係があるから，点 P の座標は（r, θ）の値によっても決まる．ここで，角度 θ は x 軸の正の方向となす角であり，反時計回りに測る．2 次元極座標系は，5.2 節で学ぶ原点 O と質点の位置 P との間の距離 r だけで決まる中心力を受

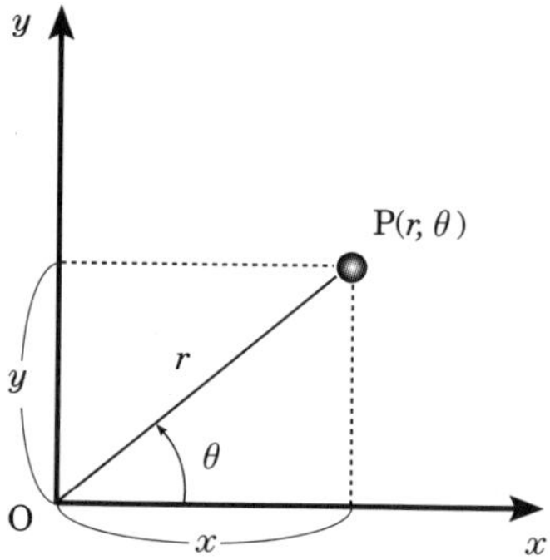

図 1.5　2 次元極座標系

けて運動するような質点の問題を扱うときに便利である.

円筒座標系（$\boldsymbol{r}$, $\boldsymbol{\theta}$, $\boldsymbol{z}$）

3次元空間で運動する質点の問題を扱う場合，2次元極座標系の r, θ に高さ z を加えた図1.6のような座標系を考えると，3次元直交座標系での点Pの座標（x, y, z）と

$$x = r\cos\theta, \quad y = r\sin\theta, \quad z = z \tag{1.2}$$

のように結びつくから，点Pの座標を（r, θ, z）を使って表すことができる. 質点にはたらく力が x と y の座標の成分によらず原点からの距離 r だけに依存するような場合，つまり，解こうとする問題が z 軸の周りの回転に対して対称性（これを**軸対称性**という）をもっているような場合には，この座標系が特に便利である.

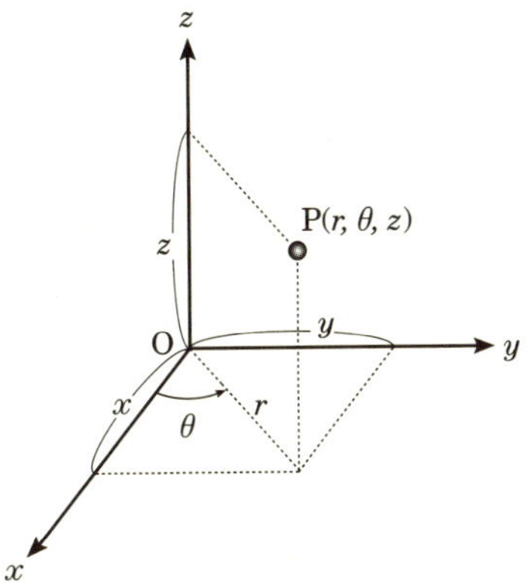

図1.6 円筒座標系

3次元極座標系（$\boldsymbol{r}$, $\boldsymbol{\theta}$, $\boldsymbol{\phi}$）

3次元直交座標系における点P（座標（x, y, z））と原点Oとの間の距離を $r = \sqrt{x^2 + y^2 + z^2}$ とする. 図1.7のように点Pの座標の成分は $x = r'\cos\theta$, $y = r'\sin\theta$, $z = r\cos\phi$ と，$r' = r\sin\phi$ より

$$\left.\begin{aligned} x &= r\sin\phi\cos\theta \\ y &= r\sin\phi\sin\theta \\ z &= r\cos\phi \end{aligned}\right\} \tag{1.3}$$

で与えられるから，点Pの座標を（r, θ, ϕ）を使って表すことができる.

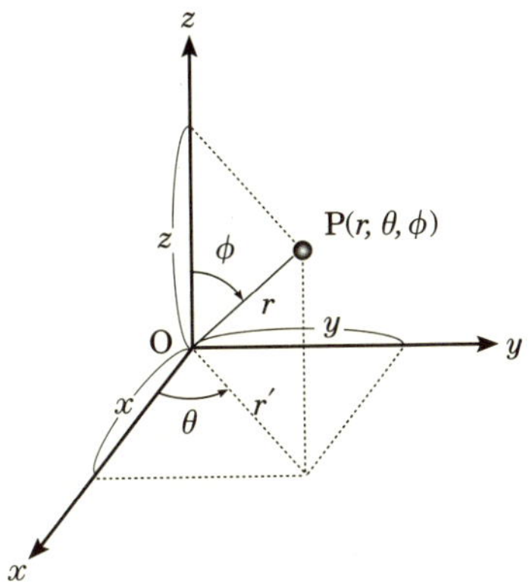

図1.7 3次元極座標系

質点にはたらく力が原点からの距離 r だけに依存するような場合，つまり，解こうとする問題が原点の周りの回転に対して対称性（これを**球対称性**という）をもっているような場合には，この座標系が特に便利である．

自 由 度

質点の運動を決める独立な変数の数を，運動の**自由度**という．3 次元空間における質点の自由な運動を記述するには，たとえどのような座標系を使ったとしても 3 つの座標の成分が必要であるから，自由度は 3 である．例えば，直交座標系の (x, y, z)，極座標系の (r, θ, ϕ) である．また，質点の運動が 2 次元平面に限られている場合には，直交座標系 (x, y) や極座標系 (r, θ) のように 2 つの座標の成分で運動が決まるから，自由度は 2 である．そして，自由度の数だけの座標の成分が時間 t の関数として求まれば，質点の運動は決まる．

なお，3 次元空間を運動していても，自由度は常に 3 であるとは限らない．例えば，ジェットコースターは 3 次元空間で運動するが，この運動の自由度は 1 である．それは，出発点を基準にしてレールに沿って測った距離を変数にとれば，この 1 変数の値だけでジェットコースターの位置は一意的に決まるからである．ジェットコースターのように一見 3 次元空間で運動しているものでも，運動がレール上に固定されている（拘束されている）ような場合には，自由度が減るのである．一般に，拘束条件をもつ運動では自由度が小さくなる（4.2 節の単振り子，7.4 節の剛体の平面運動を参照）．

1.2 位置ベクトルと変位ベクトル

座標系をいったん定めると質点の位置は一意的に決まり，その位置をベクトルで表すことができる．質点の動きは，位置ベクトルの動きとして記述されるが，その動きの向きや大きさを表すのが変位ベクトルであり，速度や加速度などの基本的な量を定義する上で欠かせないベクトルである．

1.2.1 位置ベクトル

図1.3の点Pの位置を表すのに3つの座標の成分 x, y, z を用いる代りに，図1.8のように原点Oから点Pへ引いた矢印によって点Pの位置を表すことができる．この矢印を点Pの**位置ベクトル**という．点Pの位置ベクトルは太文字を使って $\boldsymbol{r}$ で表し，点Pの座標が (x, y, z) であることを表すために

$$\boldsymbol{r} = (x, y, z) \qquad (1.4)$$

と書く．（なお，$\boldsymbol{r}$ を $\vec{r}$ と書くこともある．）

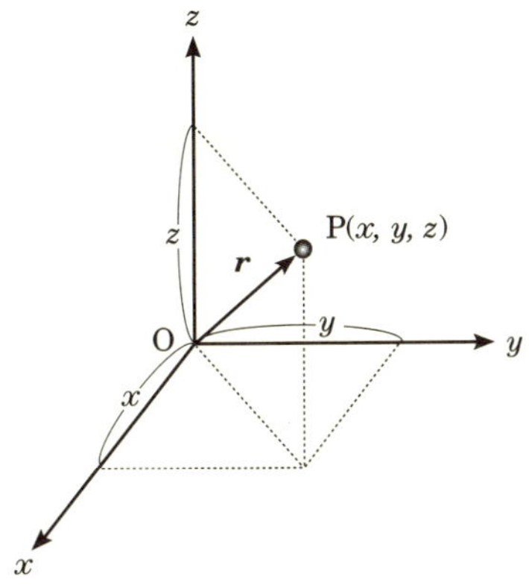

図1.8 位置ベクトル

一般に，大きさと向きをもつ量を**ベクトル**という．次節で学ぶ速度は，矢印の向きが運動の向きを決め，矢の長さが速度の大きさ（速さ）を表すベクトルとして表現される．一方，長さ・時間・質量のように，大きさだけをもち，方向には関係しない量を**スカラー**という．

ベクトルは矢印で表すことができるので，原点Oと点Pの記号をそのまま用いて $\overrightarrow{\mathrm{OP}}$ と書くこともある．なお，位置ベクトルは原点Oを基準に決めているから，この原点を勝手に動かすことはできない．このため，ベクトル $\boldsymbol{r}$ も勝手に動かせない．このようなベクトルのことを特に，**束縛**(そくばく)**ベクトル**という．

軌　道

質点が運動すると，質点の座標 (x, y, z) は時刻 t の関数として変化する．そのことを数学では，例えば $x = f(t)$（f は function（関数）の略）のように表すが，物理では，文字の種類を節約するために $x(t)$ のように表す．したがって，ベクトル $\boldsymbol{r}$ が $x(t), y(t), z(t)$ を成分にもつ時刻 t の関数

であることをはっきり表す場合には，$\boldsymbol{r}(t)$と書く．

具体的に $x(t)$, $y(t)$, $z(t)$ の値がわかれば，時刻順に（x, y, z）の点をつなぐことによって，質点の**軌道**が求まる．例えば，質点の運動が xy 平面内に限られている2次元での運動の場合には，$x = x(t)$ と $y = y(t)$ から t を消去して x と y の関係 $y = f(x)$ を求めれば，軌道を表す方程式が決まる（演習問題［1.3］を参照）．

［例題 1.1］ 質点の運動が時刻 t の関数として次のように与えられている場合に，その軌道を表す方程式を求めよ（a, b, c, ω は定数）．

(a) $x = a + bt,\ y = ct,$　　(b) $x = a\cos\omega t,\ y = a\sin\omega t$

［解］ (a) t を消去すれば $y = (c/b)x - ca/b$ となり，軌道は直線である．(b) $\cos^2\omega t + \sin^2\omega t = 1$ を用いて t を消去すれば $x^2 + y^2 = a^2$ となり，軌道は半径 a の円である（［例題1.3］を参照）．☜

単位ベクトル

図1.9のように x 軸，y 軸，z 軸の正の向きに沿って大きさ1のベクトル $\boldsymbol{i}$，$\boldsymbol{j}$，$\boldsymbol{k}$ を考える．これらのベクトルは**単位ベクトル**とよばれ，x, y, z 成分で書けば，$\boldsymbol{i} = (1, 0, 0)$，$\boldsymbol{j} = (0, 1, 0)$，$\boldsymbol{k} = (0, 0, 1)$ である．このベクトルを使えば，位置ベクトル $\boldsymbol{r} = (x, y, z)$ は

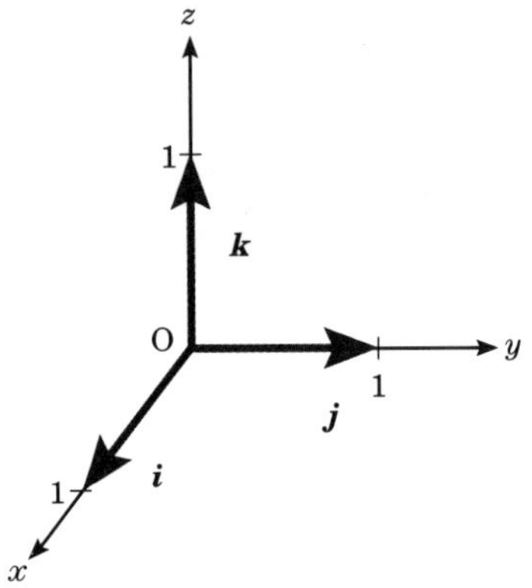

図1.9　単位ベクトル

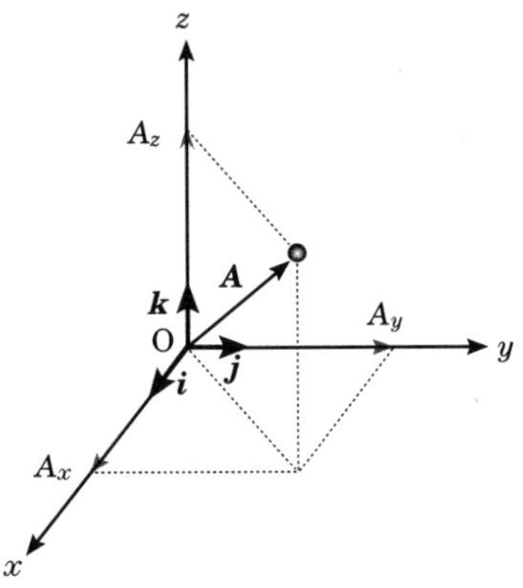

図1.10　ベクトル

$$\boxed{\boldsymbol{r} = x\,\boldsymbol{i} + y\,\boldsymbol{j} + z\,\boldsymbol{k}} \tag{1.5}$$

で表される．

位置ベクトル $\boldsymbol{r}$ の大きさ r は，原点 O(0, 0, 0) から点 P(x, y, z) までの距離であるから

$$|\boldsymbol{r}| = r = \sqrt{x^2 + y^2 + z^2} \tag{1.6}$$

である．ここで，$|\ |$ はベクトルの長さを表す記号で，$|\boldsymbol{r}|$ は，ベクトル $\boldsymbol{r}$ の**絶対値**（つまり，大きさ）を表す．図 1.10 のような任意のベクトル $\boldsymbol{A} = (A_x, A_y, A_z)$ とその大きさについても，(1.5)，(1.6) と同じように

$$\boldsymbol{A} = A_x\,\boldsymbol{i} + A_y\,\boldsymbol{j} + A_z\,\boldsymbol{k}, \qquad |\boldsymbol{A}| = A = \sqrt{A_x{}^2 + A_y{}^2 + A_z{}^2} \tag{1.7}$$

と表すことができる．

1.2.2 変位ベクトル

図 1.11 のように 2 つの点，P と Q の位置ベクトルをそれぞれ $\boldsymbol{r}_{\mathrm{P}}$, $\boldsymbol{r}_{\mathrm{Q}}$ とする．質点が点 P から点 Q まで移動する場合に

$$\boxed{\overrightarrow{\mathrm{PQ}} = \boldsymbol{r}_{\mathrm{PQ}} = \boldsymbol{r}_{\mathrm{Q}} - \boldsymbol{r}_{\mathrm{P}}} \tag{1.8}$$

で定義される 2 つの位置ベクトルの差を**変位ベクトル**という．そして，この 2 点を結ぶ最短距離を**変位の大きさ**という．変位ベクトルは，例えば東向きに 1 m 移動というように，どれだけ動いたかを表すベクトルであり，位置ベクトルのように，どこからという原点の位置は問題ではない．したがって，変位ベクトルは長さと向きを変えなければ空間内を自由に動かしてよく，このようなベクトルを特に，**自由ベクトル**という．

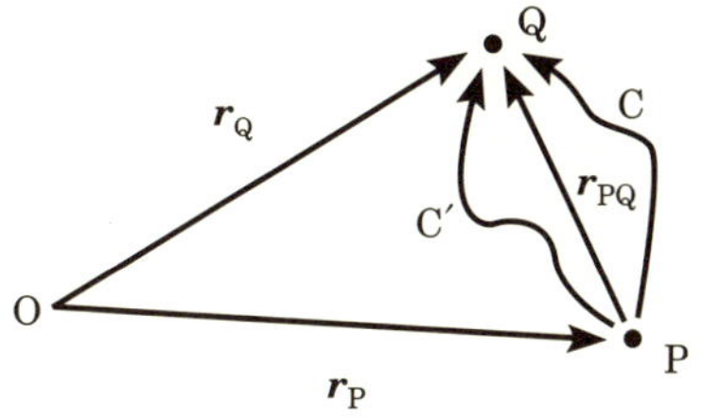

図 1.11 変位ベクトル

誤解されないようにくり返すが，変位ベクトルとは，質点の移動距離を表

すものであり，質点の軌道，つまり，質点が実際に移動した道筋である**経路**を表すのではない．図 1.11 に示すように，質点が点 P から点 Q まで移動する経路が C，C′ のように違っていても，最終的に，質点が点 P から点 Q に移動したのであれば，2 点を結んだ直線の距離はすべて同じである（演習問題［1.1］を参照）．したがって，変位ベクトルは一意的に決まる．この変位ベクトルは，質点の運動や速度などを定義するために不可欠な物理量であり，また，振動現象（第 5 章）を理解するためにも重要である．

1.3 速度と加速度

質点の運動が時々刻々と変化する様子は，変位ベクトルの時間変化によって記述される．そして，この時間変化率が，運動を特徴づける質点の速度や加速度などの物理量を与える．

1.3.1 速　度

図 1.12 のように運動している質点の位置ベクトル $\boldsymbol{r}$ が時間とともに動くと，1 つの軌道 C を描く．時刻 t における質点の位置 P を $\boldsymbol{r}(t)$，それから Δt だけ後の時刻 $t' = t + \Delta t$ における質点の位置 Q を $\boldsymbol{r}(t') = \boldsymbol{r}(t + \Delta t)$ とする．2 点 P と Q を結ぶ変位ベクトル $\overrightarrow{\mathrm{PQ}} = \Delta\boldsymbol{r} = \boldsymbol{r}(t') - \boldsymbol{r}(t)$ を Δt で割った $\Delta\boldsymbol{r}/\Delta t$ はベクトルであり，向きは $\overrightarrow{\mathrm{PQ}}$ と同じで，その大きさは

$$\frac{|\Delta\boldsymbol{r}|}{\Delta t} = \frac{|\boldsymbol{r}(t + \Delta t) - \boldsymbol{r}(t)|}{\Delta t} = \frac{|\overrightarrow{\mathrm{PQ}}|}{\Delta t} \qquad (1.9)$$

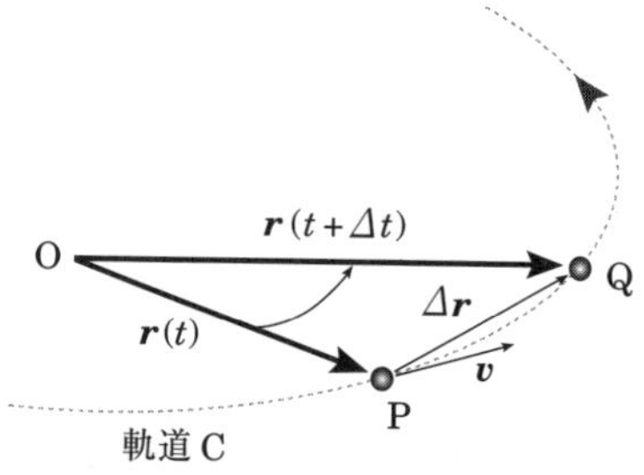

図 1.12　速度ベクトル

である．$\varDelta t$ を十分に小さくとれば，変位の大きさ$|\varDelta \boldsymbol{r}| = |\overrightarrow{\mathrm{PQ}}|$ は質点が動いた実際の軌道（曲線）の長さに近づくから，(1.9) は $\varDelta t$ 間における質点の**平均の速さ**を表している．

［**例題 1.2**］ 質点が水平方向（x 方向）だけに運動している簡単な場合を考える．この質点の時刻 t での位置が $x(t) = ct^2$（c は任意定数）で与えられているとする．このとき時刻 t と時刻 $t' = t + \varDelta t$ の間における平均の速さ (1.9) を求めよ．

［**解**］ 変位ベクトルを $\varDelta \boldsymbol{r}$ として，それを成分で表すと $\varDelta \boldsymbol{r} = (\varDelta x, \varDelta y, \varDelta z)$ であるから，$\varDelta \boldsymbol{r} = \boldsymbol{r}(t + \varDelta t) - \boldsymbol{r}(t)$ の x 成分は $\varDelta x = x(t + \varDelta t) - x(t)$ である．このとき，平均の速さ (1.9) は，$x(t) = ct^2$ に対して

$$\frac{\varDelta x}{\varDelta t} = \frac{x(t + \varDelta t) - x(t)}{\varDelta t} = \frac{c(t + \varDelta t)^2 - ct^2}{\varDelta t} = 2ct + c\,\varDelta t \tag{1.10}$$

となる． ☜

この (1.10) からわかるように，$\varDelta t$ を徐々に小さくしていくと時刻 $t = t_1$ における平均の速さは $2ct_1$ に近づいていく．そして，$\varDelta t$ を限りなくゼロに近づけた極限における**極限値** $2ct_1$ が，この質点の時刻 t_1 における**瞬間の速さ**である．この話をもう少し一般化して，位置 x が関数 $f(t)$ で与えられているとすれば，時刻 t における瞬間の速さは，$x = f(t)$ の**導関数**

$$\frac{dx}{dt} = \frac{df}{dt} = \lim_{\varDelta t \to 0} \frac{f(t + \varDelta t) - f(t)}{\varDelta t} \tag{1.11}$$

で与えられることがわかる．このように関数 $f(t)$ からその導関数を求めることを，関数 $f(t)$ を**微分**するという．

したがって，時刻 t における**速度**（**速度ベクトル**）は (1.9) の絶対値をはずし，$\varDelta t \to 0$ における極限

$$\boxed{\boldsymbol{v} \equiv \lim_{\varDelta t \to 0} \frac{\varDelta \boldsymbol{r}}{\varDelta t} = \frac{d\boldsymbol{r}}{dt}} \tag{1.12}$$

というベクトル量で定義される(記号 ≡ は「定義する」という意味)．つまり，速度 $\boldsymbol{v}$ とは位置ベクトル $\boldsymbol{r}$ の導関数（**瞬間変化率**）である．この速度

ベクトルの大きさは時刻 t に質点が点Pを通過する瞬間の速さ $v = |\boldsymbol{v}|$ であり，その向きは図1.12から推測できるように，点Qが点Pに限りなく近づく状態になるので点Pでの軌道の接線方向に一致する．

3次元直交座標系での速度

3次元直交座標系での位置ベクトルの（1.5）を速度の（1.12）に代入すれば

$$\boldsymbol{v} = \frac{d}{dt}(x\,\boldsymbol{i} + y\,\boldsymbol{j} + z\,\boldsymbol{k})$$
$$= \left(\frac{dx}{dt}\boldsymbol{i} + x\frac{d\boldsymbol{i}}{dt}\right) + \left(\frac{dy}{dt}\boldsymbol{j} + y\frac{d\boldsymbol{j}}{dt}\right) + \left(\frac{dz}{dt}\boldsymbol{k} + z\frac{d\boldsymbol{k}}{dt}\right) \tag{1.13}$$

となる．ここで注意すべき重要なことは，単位ベクトル $\boldsymbol{i}, \boldsymbol{j}, \boldsymbol{k}$ は，固定された直交座標系の座標軸上に定義された定数ベクトルであるため，これらの時間微分はゼロになることである．このため，（1.13）は

$$\boldsymbol{v} = \frac{dx}{dt}\boldsymbol{i} + \frac{dy}{dt}\boldsymbol{j} + \frac{dz}{dt}\boldsymbol{k} = v_x\,\boldsymbol{i} + v_y\,\boldsymbol{j} + v_z\,\boldsymbol{k} \tag{1.14}$$

と簡単になる．（1.14）の最右辺は，速度 $\boldsymbol{v}$ の x, y, z 成分をそれぞれ (v_x, v_y, v_z) と書いた場合の表式である．つまり，

$$v_x = \frac{dx}{dt}, \qquad v_y = \frac{dy}{dt}, \qquad v_z = \frac{dz}{dt} \tag{1.15}$$

である．また，速さ v は速度 $\boldsymbol{v}$ の大きさであるから

$$v = |\boldsymbol{v}| = \sqrt{v_x{}^2 + v_y{}^2 + v_z{}^2} \tag{1.16}$$

で与えられるスカラー量である．

ドットによる時間微分の略記法

時間の1階微分 d/dt の略記法として，記号ドット（•）を使う場合がよくある．例えば，速度の（1.12）や速度成分の（1.15）は

$$\frac{d\boldsymbol{r}}{dt} = \dot{\boldsymbol{r}}, \qquad \frac{dx}{dt} = \dot{x}, \qquad \frac{dy}{dt} = \dot{y}, \qquad \frac{dz}{dt} = \dot{z} \tag{1.17}$$

と簡潔に表現できる．本書でも，この略記法を適宜用いる．読み方は $\dot{\boldsymbol{r}}$ を r ドット，$\dot{x}$ を x ドットと読む．同様に，2階微分 d^2x/dt^2 の略記法とし

て，記号 $\ddot{x}$（x ツードット）を使う．

1.3.2 加 速 度

速度とは，質点の位置ベクトルの導関数（1.12）であり，時間に関する位置の瞬間変化率であった．同様にして，速度ベクトルの導関数，つまり，時間に関する速度の瞬間変化率というものを考えてみよう．運動している質点の時刻 t における速度 $\boldsymbol{v}(t)$ と時刻 $t' = t + \Delta t$ における速度 $\boldsymbol{v}(t')$ の差 $\Delta\boldsymbol{v} = \boldsymbol{v}(t') - \boldsymbol{v}(t)$ を Δt で割ったベクトル量 $\Delta\boldsymbol{v}/\Delta t$（**平均加速度**という）に対して，$\Delta t \to 0$ における極限値

$$\boxed{\boldsymbol{a} \equiv \lim_{\Delta t\to 0}\frac{\Delta\boldsymbol{v}}{\Delta t} = \frac{d\boldsymbol{v}}{dt} = \frac{d^2\boldsymbol{r}}{dt^2}} \tag{1.18}$$

を定義する．このベクトル $\boldsymbol{a}$ を時刻 t における質点の**加速度**（**加速度ベクトル**）という．最右辺は，$\boldsymbol{v}$ を（1.12）で書きかえたものである（演習問題［1.4］，［1.5］を参照）．

3 次元直交座標系での加速度

3 次元直交座標系での加速度 $\boldsymbol{a}$ の x, y, z 成分を a_x, a_y, a_z と書けば

$$\boldsymbol{a} = a_x\,\boldsymbol{i} + a_y\,\boldsymbol{j} + a_z\,\boldsymbol{k} \tag{1.19}$$

であるから，位置ベクトル $\boldsymbol{r}$ の（1.5）と速度 $\boldsymbol{v}$ の（1.14）を（1.18）に代入して，この（1.19）と比較すれば

$$a_x = \dot{v}_x = \ddot{x}, \qquad a_y = \dot{v}_y = \ddot{y}, \qquad a_z = \dot{v}_z = \ddot{z} \tag{1.20}$$

を得る．加速度の大きさ a は，加速度 $\boldsymbol{a}$ の絶対値 $|\boldsymbol{a}|$ であるから

$$a = |\boldsymbol{a}| = \sqrt{a_x{}^2 + a_y{}^2 + a_z{}^2} \tag{1.21}$$

というスカラー量で与えられる．

なお，速度 $\boldsymbol{v}$ とは異なり，加速度 $\boldsymbol{a}$ の向きは軌道の接線方向とは無関係であることを注意しておこう．速度は（1.12）のように，位置ベクトルの差である変位ベクトルの $\Delta t \to 0$ における極限で定義されるから，その極限で変位の方向は軌道の接線方向と一致する．しかし加速度の場合は，（1.18）

のように変位ベクトルはある時間区間における速度の差であるから，軌道の向きと一般には無関係なのである（例題 1.3 を参照）．

［例題 1.3］ 図 1.13 のように，質点 P の位置ベクトル $\boldsymbol{r} = (x, y)$ が単位ベクトル $\boldsymbol{i}, \boldsymbol{j}$ を用いて

$$\boldsymbol{r} = x\,\boldsymbol{i} + y\,\boldsymbol{j} = (r\cos\omega t)\,\boldsymbol{i} + (r\sin\omega t)\,\boldsymbol{j} \tag{1.22}$$

で与えられている．このときの質点 P の速度 $\boldsymbol{v}$，加速度 $\boldsymbol{a}$，それらの大きさおよび $\boldsymbol{v}$ と $\boldsymbol{a}$ のなす角度を求めよ．ただし，r と ω は定数である．

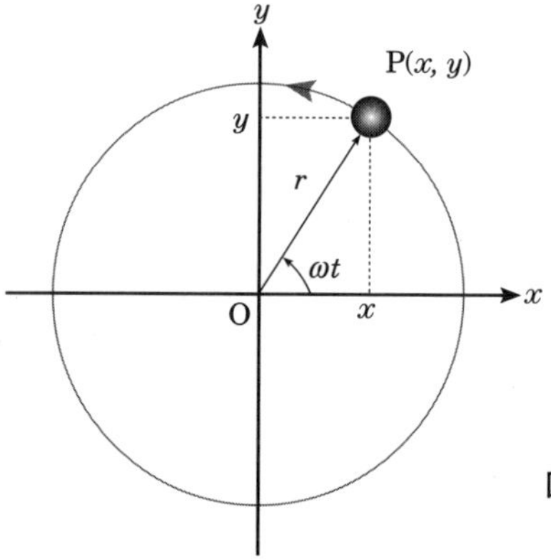

図 1.13　円運動する質点の座標

［解］ まず，(1.22) の三角関数の角度 ωt について説明する．角度の単位はラジアン（rad）であるから，ω は単位時間（秒）当りに円を回る角度を表す．つまり，ω の単位は rad/s または 1/s（rad は無次元量だから）である．この ω を**角速度**とよぶ．質点の速度 $\boldsymbol{v} = v_x\,\boldsymbol{i} + v_y\,\boldsymbol{j}$ と加速度 $\boldsymbol{a} = a_x\,\boldsymbol{i} + a_y\,\boldsymbol{j}$ は，(1.22) の時間微分より

$$\left.\begin{aligned}\boldsymbol{v} &= -\,\omega r\sin\omega t\;\boldsymbol{i} + \omega r\cos\omega t\;\boldsymbol{j}\\ \boldsymbol{a} &= -\,\omega^2 r\cos\omega t\;\boldsymbol{i} - \omega^2 r\sin\omega t\;\boldsymbol{j} = -\,\omega^2\,\boldsymbol{r}\end{aligned}\right\} \tag{1.23}$$

であるから，速さは $v = \sqrt{{v_x}^2 + {v_y}^2} = r\omega$，加速度の大きさは $a = \sqrt{{a_x}^2 + {a_y}^2} = \omega^2 r = v^2/r$ で，ともに一定値となる．

加速度 $\boldsymbol{a}$ は，$-\,\boldsymbol{r}$ 方向（円の中心方向）を向いている．一方，速度 $\boldsymbol{v}$ は円の接線方向を向いているから，加速度 $\boldsymbol{a}$ と直交している．あるいは，$\boldsymbol{v}$ と $\boldsymbol{a}$ のスカラー積（内積）$\boldsymbol{v}\cdot\boldsymbol{a}$ を計算すれば常にゼロなので，互いに直交していることがわかる．図 1.14 は時刻ゼロと任意の時刻 t での $\boldsymbol{v}$ と $\boldsymbol{a}$ の様子を表したものである．

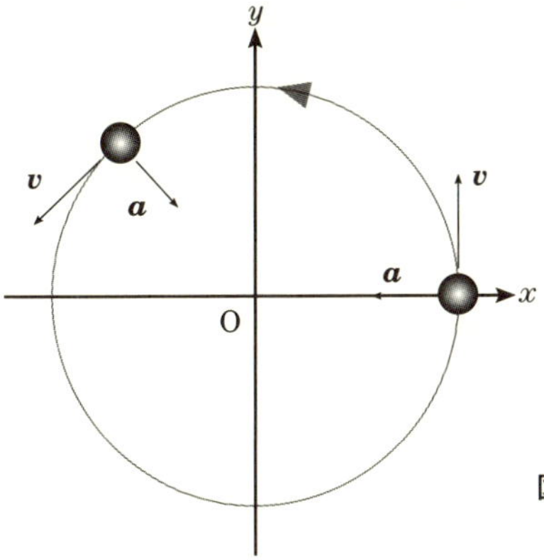

図 1.14　速度ベクトルと加速度ベクトル

☜

一般に曲線状の軌道を質点が運動する場合，進行方向（軌道の接線方向）の加速度（**接線加速度**）とそれに対して垂直な方向の加速度（**法線加速度**）が生じる．等速円運動（例題 1.3）の場合には，接線方向の速度が常に一定だから接線加速度はゼロであるが，法線加速度が生じる（(1.23) の $\boldsymbol{a}$）．そして，法線加速度の向く先を**曲率中心**といい，等速円運動の場合には，円の中心が曲率中心に当る．

演 習 問 題

[1.1]　半径 1 km の円形の池がある．この池の周りを，(a) 1 周散歩して，もとの地点にもどってきたときの変位の大きさと，(b) 半周散歩したときの変位の大きさを，それぞれ求めよ．

[1.2]　点 A と点 B の位置ベクトルを $\boldsymbol{r}_\mathrm{A}$, $\boldsymbol{r}_\mathrm{B}$ とする．

(1)　$\boldsymbol{r}_\mathrm{C} = (\boldsymbol{r}_\mathrm{A} - \boldsymbol{r}_\mathrm{B})/2$ はどのようなベクトルか．

(2)　$\boldsymbol{r}_\mathrm{D} = \boldsymbol{r}_\mathrm{B} + (\boldsymbol{r}_\mathrm{A} - \boldsymbol{r}_\mathrm{B})/2$ はどのようなベクトルか．

(3)　$\boldsymbol{r} = (\boldsymbol{r}_\mathrm{A} + \boldsymbol{r}_\mathrm{B})/2$ は 2 点 A，B の中点の位置ベクトルであることを示せ．

[1.3]　質点の座標が 2 次元極座標系を用いて，(a) $r = a$，$\theta = \omega t + \phi$，(b) $r = at + b$，$\theta = ct$ で与えられている．それぞれの場合に質点が描く軌道を求めよ（a, b, c, ϕ, ω は定数）．

[**1.4**]　停車していた車がスタートして 30 s 後に速度が 21 m/s になった．このときの平均加速度 $\bar{\boldsymbol{a}}$ を求めよ．

[**1.5**]　速度 324 km/h のジェット機が 60 s で静止した．このときの平均加速度 $\bar{\boldsymbol{a}}$ を求めよ．

[**1.6**]　質点が xy 平面上を $x(t) = 30t,\ y(t) = 40t - 5t^2$ で動いている．このときの速度の成分 $v_x,\ v_y$ と加速度の成分 $a_x,\ a_y$ を求めよ．また，質点が描く軌道を求めて，質点の動きを説明せよ．

[**1.7**]　走者が x 方向に直線運動をしている．位置 x における走者の速さ v が $v(x) = c(1 - x/3)$ で与えられているとき，加速度の大きさ a を x の関数として求めよ．ただし，c は定数である．

[**1.8**]　レコードが 1 分間に 33 回転している．1 s 間の回転数 f を計算して，角速度 ω を求めよ．

第2章 運動の法則

本章のねらい

① 力と慣性の概念を理解する.
② ニュートンの運動法則と慣性系との関係を理解する.
③ 運動方程式の解法を理解する.
④ 一般解と初期条件の役割を理解する.

2.1 第1法則と第2法則

2

力学は物体の運動を研究する学問である．物体の運動については古くから研究されてきたが，力学の体系はニュートン（1643–1727）によって作り上げられた．この力学の基礎をなす法則を本章では述べる．

私たちが日常経験するさまざまな巨視的な運動は，ニュートンの運動法則によって理解される．物体の運動を調べるためには，初めに物体に力がはたらいていないときの運動を理解する必要がある．それに関するものが第1法則（慣性の法則）である．そして，物体に力がはたらくとどのような運動が起こるかを述べたものが，第2法則（運動の法則）である．

2.1.1 第1法則 ― 慣性の法則 ―

外力がはたらかない限り，物体は静止または等速度運動を続ける.

外力とは，物体に外部からはたらく力のことである（第6章を参照）．この法則は，物体に複数の外力がはたらいていても，その外力が互いに打ち消し合って合力がゼロであれば成り立つ．

さて，初めから静止していた物体がそのまま静止状態を続けることは，経験的に明らかである．しかし，動いている物体に力がはたらかなければ速度は変化せず，等速度運動（一直線上の一様な運動）を続けるという主張は，それほど自明なことではないだろう．この主張が正しければ，氷のような滑らかで水平な面上に物体を置き，ある速度で初めにこれを動かしたとき，摩擦や空気抵抗などの影響がなければ，物体は一直線に沿った等速度運動を永久に続けることになる．

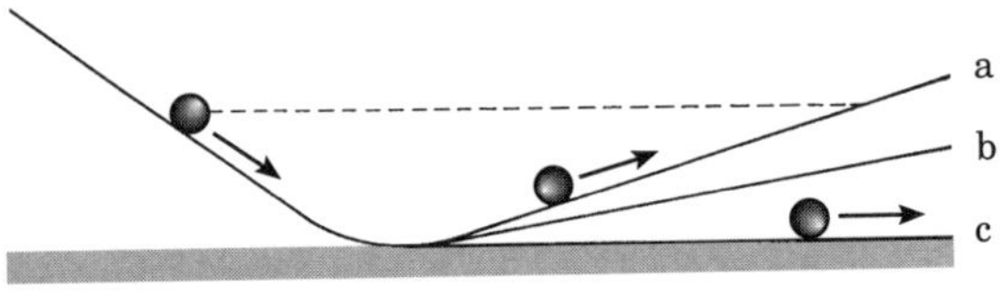

図2.1　慣性の法則

歴史的にはガリレイ（1564–1642）が，図2.1のような斜面を転がるボールの運動の実験を繰り返し行って，この事実に気づいた．ここでボールを選んだのは，斜面との摩擦を最小にするためであり，純粋に運動の本質を観測するためである．ガリレイは登りの斜面の傾きをaからbのように小さくしてもボールは最初の高さまで到達することを発見した．そこでガリレイは，斜面をcのように水平にしたらどうなるだろうかと考えた．そして，そのような場合でも，ボールは最初の高さに到達するまで一定の速度で永久に転がり続けるに違いないと推測した．つまり，ガリレイは物体には運動状態を保ち続けようとする性質があると考えた．このように静止または等速直線運動をしている質点がその運動状態を維持しようとする性質，すなわち速度ベクトルを変えようとしない性質を**慣性**という．このため，ガリレイが見つけたこの第1法則は**慣性の法則**ともよばれている．

2.1.2　第2法則　— 運動の法則 —

慣性の法則が成り立つ座標系を**慣性系**または**慣性座標系**という．この慣性系の中では，物体に力がはたらかない限り運動状態は変化せず，もし物体の運動状態が変化するならば，その物体に力がはたらいていることになる．つまり，物体の運動状態を変えるものが**力**である．第1法則はこのような慣性系が存在することを保証しており，この慣性系でのみ成り立つ運動の法則が第2法則とよばれる次のものである．

物体に外力がはたらくと外力の方向に加速度が生じる．その加速度の大きさは，外力の大きさに比例し，物体の質量に反比例する．

つまり，質量 m の物体に外力 $\boldsymbol{F}$ がはたらくと，物体には加速度 $\boldsymbol{a}$ が生じる．その加速度 $\boldsymbol{a}$ は外力 $\boldsymbol{F}$ に比例し，質量 m に反比例するので，比例定数を1とすれば，この法則は

$$\boxed{m\boldsymbol{a} = \boldsymbol{F}} \tag{2.1}$$

と書ける．これがニュートンの**運動方程式**とよばれるもので，力学の基礎方程式である．加速度 $\boldsymbol{a}$ を速度 $\boldsymbol{v}$ や位置 $\boldsymbol{r}$ の時間微分で表せば，(2.1) は

$$m\frac{d\boldsymbol{v}}{dt} = m\frac{d^2\boldsymbol{r}}{dt^2} = \boldsymbol{F} \tag{2.2}$$

という形にも書ける．なお，これ以降は誤解が生じない限り，外力の意味で簡単に力という言葉を使う．

ここで，**運動量**という物体の質量 m と速度 $\boldsymbol{v}$ の積で定義される

$$\boldsymbol{p} = m\boldsymbol{v} \tag{2.3}$$

というベクトルを導入しよう．運動量とは，運動の勢いや衝突のときの衝撃の強さを表す量と考えてよい．例えば，ボールを受けるとき，ボールの速さが大きいほど，またボールの質量が大きいほど，受け止めるときの手ごたえは大きく，さらに，ボールの飛んでくる向きによっても衝撃の強さは異なる．

(2.3) の両辺を時間 t で微分した $d\boldsymbol{p}/dt = d(m\boldsymbol{v})/dt = \dot{m}\boldsymbol{v} + m\dot{\boldsymbol{v}}$ は，質量が常に一定ならば $\dot{m} = 0$ であるから，$d\boldsymbol{p}/dt = m(d\boldsymbol{v}/dt)$ となる．したがって，運動方程式 (2.2) は

$$\frac{d\boldsymbol{p}}{dt} = \boldsymbol{F} \tag{2.4}$$

と表すこともできる．このため，第2法則は，**運動量の時間変化率は物体にはたらく外力に等しい**と表現することもできる．

ここで，この表現は質量が時間的に変化する場合（$\dot{m} \neq 0$）でも成り立つ法則であることに注意してほしい．例えば，ロケットの燃料噴射のように，運動しながらその一部分を放出したり，あるいは飽和水蒸気の中を落下する雨粒のように周囲の物質を吸着して質量が連続的に変化する場合には，質量が式に現われない運動方程式 (2.4) が適している（演習問題 [6.4] を参照）．

なお，アインシュタイン（1879－1955）の特殊相対性理論によれば，光速に近い速さで運動する物体の質量は時間的に変化するが，この場合にも，運動方程式 (2.4) は厳密に成り立っている．

慣性系

ニュートンの運動方程式が成り立つ座標系を**慣性系**（**慣性座標系**）と定義したが，地表近くの運動では，地面に固定した座標系を慣性系と考えてよい．物体に力が加わらなければ，物体はこの座標系に対して等速度運動もしくは静止をし，力が加われば加速度運動をする．地面を基準にした座標系に対して，運動方程式はそのまま成り立つのである．

しかし，電車に乗っていてよく経験することだが，外力がなくても電車の加速や減速中に身体に力を感じたり，床に置いた荷物などが電車に対して動き出すことがある．これは明らかに慣性の法則と矛盾する．つまり，加速度をもつ系（例えば，電車）を座標系にとると，運動の法則は成り立たない．言い換えれば，慣性の法則（第1法則）を運動の法則（第2法則）の基礎におく限り，加速度をもつような座標系（**非慣性系**）を勝手に選んで運動を議

論してはいけないのである．

慣性系（慣性の法則が成り立つ座標系）　⇒　ニュートンの運動法則

(2.5)

ここで疑問に思うかもしれないが，運動方程式 (2.1) は，力がはたらかない（$\boldsymbol{F}=\boldsymbol{0}$）とき $\boldsymbol{a}=\boldsymbol{0}$ となって速度 $\boldsymbol{v}$ は一定（等速度運動）となるから，すでに第1法則を含んでいるようにも思える．しかし，実は，第1法則は慣性系の存在を述べ，第2法則はその慣性系でのみ成り立つ運動方程式の形を定義しているだけで，それぞれは独立なことを述べている．

地表近くの運動を扱うときは地面に固定した座標系を慣性系と考えてよいが，地球は自転も公転もしており，また太陽系自体も銀河系の中で重力を受けて運動しているから，厳密には，地球は加速度運動をしている非慣性系である．しかしながら，地表近くの運動は慣性系の中の運動と見なしてよい．実際，ニュートンが木からリンゴが落ちるのを見て運動の法則を発見したといわれているのは，この地表である．

地球を非慣性系として厳密に取扱えば，第8章で述べるように，見かけの力（慣性力）が現れる．この見かけの力を考慮に入れることによって，台風の渦巻きや潮流のような地球規模に関わる大域的な運動などをより正確に理解することができる．

力の単位

国際的に決められた**単位系**（SI 単位系）では，長さはメートル [m]，質量はキログラム [kg]，時間は秒 [s] を**基本単位**として測る（**MKS 単位系**（meter kilogram second の略）という）．

この MKS 単位系を使うと，速度の単位は m/s，加速度の単位は $\mathrm{m/s^2}$ である．そこで，質量 1 kg の物体にはたらいて 1 $\mathrm{m/s^2}$ の加速度を生じさせる力の大きさを 1 **ニュートン**（記号 N）と決める．

$$\boxed{1\,\mathrm{N} = 1\,\mathrm{kg{\cdot}m/s^2}} \tag{2.6}$$

地球の**重力加速度**は $g = 9.8\,\mathrm{m/s^2}$ である．力の実用単位には，質量1kgの物体にはたらく重力の大きさとして**1kg重**（記号kgw）が使われる．このとき運動方程式は $mg = F$ と書け，これに $F = 1\,\mathrm{kg}$重，$m = 1\,\mathrm{kg}$，$g = 9.8\,\mathrm{m/s^2}$ を代入すれば

$$1\,\mathrm{kgw} = 1\,\mathrm{kg} \times 9.8\,\mathrm{m/s^2} = 9.8\,\mathrm{N} \approx 10\,\mathrm{N} \tag{2.7}$$

であるから，1Nは約0.1kgw=100gwである．これはちょうど小ぶりのリンゴ1個にはたらく重力の大きさ程度であるから，ニュートンの法則発見の話にちなんで覚えやすいだろう．

$$\boxed{1\,\mathrm{N} \approx 100\,\mathrm{gw} \approx \text{小ぶりのリンゴ}} \tag{2.8}$$

［例題2.1］　図2.2のように質量 M の物体を質量が無視できるぐらい軽いひもで天上から吊す．上のひもの張力を S とする．この物体の下に同じ材質のひもをつけて，ひもを下に力 F で引く．強く速く引くと下のひもが切れ，ゆっくり引くと上のひもが切れる．この理由を運動方程式（2.1）を用いて説明せよ．

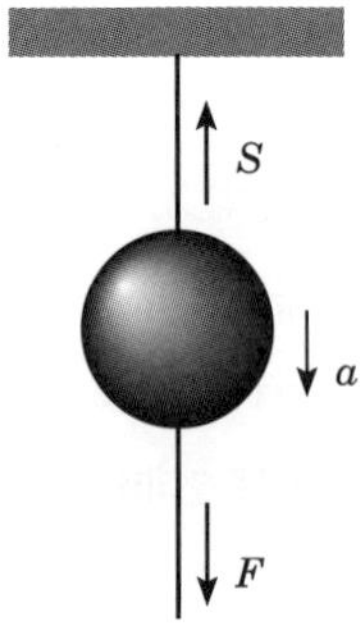

図2.2　ひもの切断

［解］　物体の下方への加速度を a とすれば，物体にかかる外力は，下向きの重力 Mg と下のひもの張力 F，そして上向きの張力 S であるから，(2.1) は $Ma = Mg + F - S$ と書ける．これより

$$F - S = M(a - g) \tag{2.9}$$

である．下のひもを強く速く $a > g$ となるように引くと，$F > S$ より下のひもの張力が優勢になって，下のひもが切れる．一方，下のひもをゆっくり，$a < g$ となるように引くと $F < S$ より上のひもが切れる．つまり急に強く引っ張られると，物体は慣性の法則によって静止状態を保とうとして動かないので，下のひもが切れるのである．☜

次元解析

物理で扱うさまざまな量は，主に長さ，質量，時間を基本量とする組み合せによって表すことができる．一般に，これらの次元を

L ＝ 長さ（length），　M ＝ 質量（mass），　T ＝ 時間（time）

(2.10)

のように表す．これを用いると，例えば速度 $\boldsymbol{v}$ は長さ ／ 時間であるから，その次元は $[v] = [\mathrm{LT}^{-1}]$ と表せる．加速度 $\boldsymbol{a}$ は速度の時間変化率だから，速度 ／ 時間より $[a] = [\mathrm{LT}^{-2}]$ である．また，力 $\boldsymbol{F}$ は質量 × 加速度であるから，$[F] = [\mathrm{MLT}^{-2}]$ である．

物理的な関係を記述する方程式の左辺と右辺は，常に同じ次元をもたなければならない．このことを利用して，いくつかの量の間の関係を予測することができ，物理現象を解析することができる．この方法を**次元解析**という．ただし次元を調べても，関係式に現れる無次元の比例定数までは決めることはできない．

［例題 2. 2］　質量 m のおもりを長さ l の糸で吊した単振り子の周期 T を決める式は，重力加速度 g と l と m の組み合わせで求まる．次元解析を用いて，周期の式を導け．

［解］　周期 T を無次元の比例定数 c を使って $T = cm^x l^y g^z$ のように表すと，(2.10) を用いて

$$[\mathrm{T}] = [\mathrm{M}]^x [\mathrm{L}]^y [\mathrm{LT}^{-2}]^z = [\mathrm{M}^x \mathrm{L}^{y+z} \mathrm{T}^{-2z}] \tag{2.11}$$

と書けるから，両辺の次数を比較して $x = 0,\ y + z = 0,\ -2z = 1$ であることがわかる．これらより $x = 0,\ y = 1/2,\ z = -1/2$ であるから $T = cm^0 l^{1/2} g^{-1/2} = c\sqrt{l/g}$ と決まる．つまり，T は質量 m によらず l と g だけで決まる．この次元解析では比例定数 c は決まらないが，きちんと計算すれば $c = 2\pi$ であることがわかる（4.2 節を参照）．☜

2.2 質点の簡単な運動

ニュートンの運動方程式は $\boldsymbol{r}$ や $\boldsymbol{v}$ に関する微分方程式であるから，時刻 0 での質点の位置 $\boldsymbol{r}(0) = \boldsymbol{r}_0$ と速度 $\boldsymbol{v}(0) = \boldsymbol{v}_0$ を与えると，その後の任意の

時刻 t での $\boldsymbol{r}(t)$ と $\boldsymbol{v}(t)$ が必ず決まる．この位置 $\boldsymbol{r}_0$ と速度 $\boldsymbol{v}_0$ を**初期条件**または**初期値**という．運動方程式をうまく解くには，できるだけ問題に適した座標系を選ぶことが大切である．

なお，速度，加速度，力などのベクトル表記に関して一つ注意しておきたい．これらの量は $\boldsymbol{v}, \boldsymbol{a}, \boldsymbol{F}$ と書くのが正しい表記であるが，多くの力学の本では v, a, F のスカラー文字も慣習的に使用されている．本書でも，この慣習にならって，例えば，v を状況に応じて速さと速度の両方に用いる．

2.2.1 直線運動

1つの物体が水平な直線上を進む運動，あるいは鉛直線上を上昇や下降する運動を考える．

水平方向の運動

図2.3のように水平な直線に沿って x 軸をとり，力 F を受けた質量 m の物体の速度を v とすると，運動方程式（2.2）は

$$m\frac{dv}{dt} = F \quad (2.12)$$

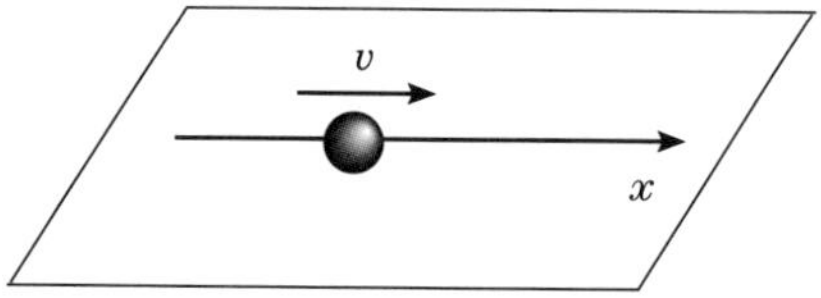

図2.3　直線運動

となる．力が一定の場合，$F/m = a$ とおいて（2.12）を

$$\frac{dv}{dt} = a \qquad (2.13)$$

と書くと，この式は加速度 a が一定の運動（**等加速度運動**）を表す微分方程式となる．

時刻 t における質点の速度 $v(t)$ を求めるために，(2.13) の両辺を時刻0から時刻 t まで定積分すると

$$\left.\begin{aligned} 左辺 &= \int_0^t \frac{dv(t)}{dt}\,dt = \int_{v(0)}^{v(t)} dv = v(t) - v(0) \\ 右辺 &= \int_0^t a\,dt = at \end{aligned}\right\} \qquad (2.14)$$

より

$$v(t) = at + v_0 \tag{2.15}$$

を得る．ここで，初速度（速度の初期値）$v(0)$ を v_0 と書いた．

次に時刻 t における位置 $x(t)$ を求めるために，(2.15) の左辺を $v = dx/dt$ でおきかえて両辺を時刻 0 から時刻 t まで定積分すると

$$\left.\begin{aligned} \text{左辺} &= \int_0^t \frac{dx}{dt}\,dt = \int_{x(0)}^{x(t)} dx = x(t) - x(0) \\ \text{右辺} &= \int_0^t (at + v_0)\,dt = \frac{1}{2}at^2 + v_0 t \end{aligned}\right\} \tag{2.16}$$

より

$$x(t) = \frac{1}{2}at^2 + v_0 t + x_0 \tag{2.17}$$

を得る．ここで，位置の初期値 $x(0)$ を x_0 と書いた．(2.15) と (2.17) が初期条件 (x_0, v_0) を満たす解である．なお，力がはたらかない場合 ($F = 0$)，加速度は $a = 0$ であるから，(2.15) と (2.17) は

$$v(t) = v_0, \qquad x(t) = v_0 t + x_0 \tag{2.18}$$

となり，等速度運動を表すことがわかる．

微分係数の形式的演算と積分

微分方程式で表された運動方程式を解くということは，その方程式を積分することであり，そのためには前項で示したような計算法を理解する必要がある．これに関連して，次のような形式的演算が便利である．微分係数の式 $dv/dt = a$ や $dx/dt = v$ の左辺を，2 つの微小量の分数のように見なして分母をはらい，

$$\boxed{dv = a\,dt, \qquad dx = v\,dt} \tag{2.19}$$

という形式的な関係式を考えるのである．これに積分記号を作用させて

$$\int dv = \int a\,dt, \qquad \int dx = \int v\,dt \tag{2.20}$$

と書き，積分範囲を

$$\int_{v(0)}^{v(t)} dv = \int_0^t a\,dt, \qquad \int_{x(0)}^{x(t)} dx = \int_0^t v\,dt \tag{2.21}$$

と明示すれば，定積分（2.14），（2.16）と同じ結果を得る．

不定積分と一般解

速度 $v(t)$ と位置 $x(t)$ は，不定積分（2.20）により

$$\left.\begin{aligned} v(t) &= \int a\,dt = at + C_1 \\ x(t) &= \int (at + C_1)\,dt = \frac{1}{2}at^2 + C_1 t + C_2 \end{aligned}\right\} \tag{2.22}$$

と書ける．ここで C_1 と C_2 は積分定数である．このように積分定数 C_1 と C_2 を含む解を**一般解**という．積分定数は，例えば初期条件 $x(0) = x_0$, $v(0) = v_0$ を与えることによって，特定の値 $C_1 = v_0$ と $C_2 = x_0$ に決まる．このように初期条件によって決まった特定の解を**特解**（**特殊解**）という．（2.15）と（2.17）は特解である．

時刻 0 における物体の位置と速度が与えられると積分定数は決まり，それ以降の位置と速度は時刻 t の関数として一意的に運動方程式によって決まる．これは古典物理学の特徴である**決定論**の一例でもある．

定積分と積分変数

ある関数 $f(t)$ の定積分を計算するとき，積分の下限 0 と上限 t に対して

$$I = \int_0^t f(t')\,dt' = \int_0^t f(r)\,dr = \int_0^t f(w)\,dw \tag{2.23}$$

のように，積分変数に t' や r や w など任意の文字を使っても，定積分の値 I は変わらない．このように積分変数は計算の途中で便宜的に使う変数で，最終の結果には現れないため，**ダミー変数**とよばれる．そして，厳密には，このようなダミー変数と定積分の上限，下限の文字とは区別されるべきである．いま仮にダミー変数を t' とすれば，（2.14）の v に対する定積分は

$$左辺 = \int_0^t \frac{dv(t')}{dt'}\,dt' \tag{2.24}$$

と書くのが正しい表記である．しかし，ダミー変数を使うと式が煩雑になるため，誤解が生じない場合には，慣習として（2.14）のようにダミー変数と

積分区間の文字を区別せずに用いることが多い．本書でもこの慣習に従うが，定積分（2.14）の $dv(t)/dt$ の t（積分変数）と積分上限の t とは全く別の意味をもっていることを忘れないでほしい．

［例題 2.3］　自動車がブレーキをかけ始めてから止まるまでに走る距離を制動距離という．速度 v_0 で走っている車の制動距離 s を，ブレーキによる制動力 F が一定であるとして求めよ．ただし，加速度を a とする．

［解］　$F =$ 一定 なので，車は等加速度 a で運動する．速度 v_0 で走っていた車が $v = 0$ になるまでの時間 t は，（2.15）を用いて $v = 0 = at + v_0$ より $t = -v_0/a$ である．時間は正の値（$t > 0$）だから $a < 0$，つまり減速させるために進行方向とは逆向きの力（$F < 0$）がはたらいていることがわかる．この t を $t = v_0/|a|$　（$a = -|a|$）と書いて（2.17）に代入すれば，制動距離 s は $s = x(t) - x_0$ より

$$s = \frac{{v_0}^2}{2|a|} \tag{2.25}$$

となる．　☜

鉛直方向の運動

図 2.4 のように y 軸を鉛直上向きにとり，物体は上向きに速度 v で運動しているとしよう．重力加速度を g とすれば，物体には，その質量 m に比例した地球の重力 mg が鉛直下向きにはたらくので，質点にはたらく力は $F = -mg$ である．このとき物体の運動方程式は次のようになる．

$$m\frac{dv}{dt} = -mg \tag{2.26}$$

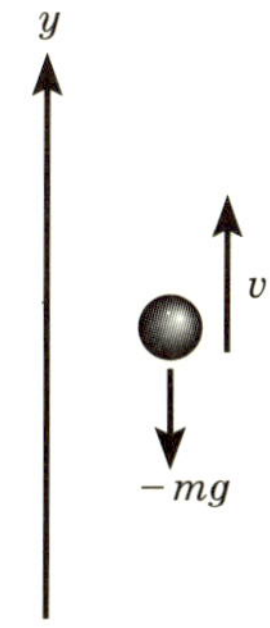

図 2.4　鉛直方向の運動

［例題 2.4］　高さ y_0 から，初速度 v_0 で鉛直上向きに質量 m の物体を投げる（$v_0 > 0$）．物体にはたらく重力は $F = -mg$ である．運動方程式（2.26）から物体の位置 $y(t)$ と速度 $v(t)$ との関係式を求めよ．また，この関係式を用いて，物体が到達する最高点 H と物体が地面に当たるときの速度 V を求めよ．

［解］　加速度 $a = -g$ は一定であるから，（2.15）と（2.17）（ただし，x を y と書きかえる）を利用すれば

$$v(t) = -gt + v_0, \qquad y(t) = -\frac{1}{2}gt^2 + v_0 t + y_0 \tag{2.27}$$

である．この 2 つの式から t を消去すれば

$$y(t) = -\frac{1}{2g}(v^2 - v_0^2) + y_0 \tag{2.28}$$

という関係式を得る．物体が到達する最高点 H では $v = 0$ だから，H は（2.28）より

$$H = \frac{v_0^2}{2g} + y_0 \tag{2.29}$$

である．また，物体が地面（$y = 0$）に当たるときの速度 V は，（2.28）に $y = 0$ を代入して

$$V = -\sqrt{v_0^2 + 2gy_0} \tag{2.30}$$

である．ここで，負符号は，速度の向きが鉛直下向きであることを示す．なお，この例題で初速度をゼロ（$v_0 = 0$）にとれば，自由落下運動を表す． ☜

2.2.2 放物運動

空間に放り投げられた物体（放物体）の運動を考えるために，2 次元直交座標系を使って水平方向右向きを x 軸の正，鉛直上向きを y 軸の正にとる．質点にはたらく力 $\boldsymbol{F}$ は重力だけで，その向きは $-y$ 方向であるから，$\boldsymbol{F} = (F_x, F_y)$ の各成分は $F_x = 0, F_y = -mg$ である．運動方程式（2.2）を x 方向と y 方向の成分に分けて書くと次のようになる．

$$m\frac{dv_x}{dt} = 0 \quad (x \text{ 方向}), \qquad m\frac{dv_y}{dt} = -mg \quad (y \text{ 方向}) \tag{2.31}$$

x 方向には力がはたらいていないから，（2.18）で v_0 を v_{x0}, $v(t)$ を v_x とおけば

$$v_x = v_{x0}, \qquad x = v_{x0}t + x_0 \tag{2.32}$$

となり，速度の x 成分 v_x が一定の等速運動をする．また，y 方向には力が一定で等加速度 $a = -g$ であるから，（2.15）と（2.17）で v_0 を v_{y0}, v を v_y, x を y, x_0 を y_0 とおけば

$$v_y = -gt + v_{y0}, \qquad y = -\frac{1}{2}gt^2 + v_{y0}t + y_0 \tag{2.33}$$

となる．物体の軌道は（2.32）の x と（2.33）の y から t を消去して

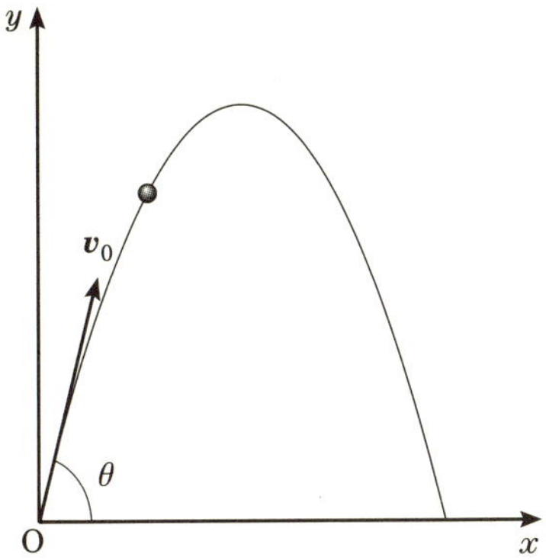

図2.5　放物運動の初速度

$$y = -\frac{g}{2}\frac{(x - x_0)^2}{{v_{x0}}^2} + \frac{v_{y0}}{v_{x0}}(x - x_0) + y_0 \qquad (2.34)$$

のように決まる．

いま，初期条件を $x_0 = 0,\ y_0 = 0$ として，図2.5のように初速度 $\boldsymbol{v}_0 = (v_{x0},\ v_{y0})$ が水平方向（x 軸）となす角（仰角）を θ とすれば，その成分は

$$v_{x0} = v_0 \cos\theta, \qquad v_{y0} = v_0 \sin\theta \qquad (v_0 = |\boldsymbol{v}_0|) \qquad (2.35)$$

である．これらを（2.34）に代入すれば

$$\begin{aligned} y &= -\frac{g}{2{v_0}^2\cos^2\theta}x^2 + (\tan\theta)\,x \\ &= -\frac{g}{2{v_0}^2\cos^2\theta}\left(x - \frac{{v_0}^2\sin 2\theta}{2g}\right)^2 + \frac{{v_0}^2\sin^2\theta}{2g} \end{aligned} \qquad (2.36)$$

となる．これより y は x の2次式であるから，物体の軌道は**放物線**を描く（演習問題［2.7］，［2.8］を参照）．

［例題2.5］　放物運動をしている物体の到達する最高点の座標（$x_1,\ y_1$）と水平到達地点の座標（$x_2,\ 0$）を（2.36）から求めよ．また，初速 v_0 を一定にしたとき，x_2 が最大になる角度 θ_{m} を求めよ．さらに，同じ x_2 を与える角度は2つあり，それらを $\alpha,\ \beta$ とすれば $\alpha + \beta = \pi/2$ であることを示せ．

［解］　最高点の座標（$x_1,\ y_1$）と水平到達地点の座標（$x_2,\ 0$）は（2.36）から

$$x_1 = \frac{{v_0}^2\sin 2\theta}{2g}, \qquad y_1 = \frac{{v_0}^2\sin^2\theta}{2g}, \qquad x_2 = \frac{{v_0}^2\sin 2\theta}{g} \qquad (2.37)$$

である（$x_2 = 2x_1$）．x_2 が最大になるのは $\sin 2\theta_{\mathrm{m}} = 1$ のときだから，$\theta_{\mathrm{m}} = \pi/4 =$

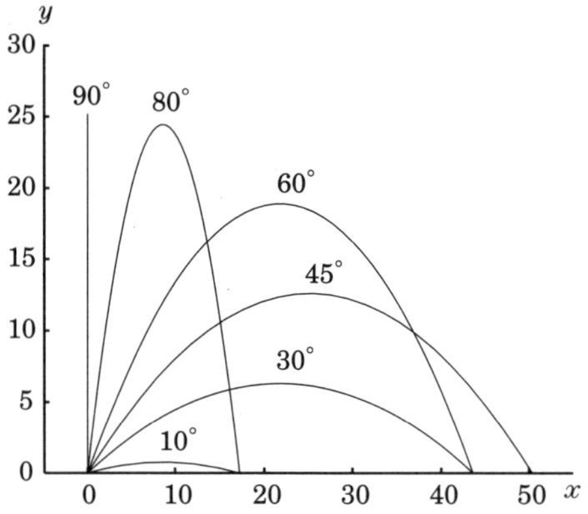

図2.6　放物運動

45° である．単位円を描いてみればわかるように，$\sin 2\theta$ に対して同一の値を与える角度は，$0 \leqq 2\theta \leqq \pi$ の範囲（第 1 象限と第 2 象限）で 2 つ（$2\alpha, 2\beta$）ある．そして，それらの間には $2\alpha + 2\beta = \pi$ の関係があるので，$\alpha + \beta = \pi/2 = 90°$ となる．

ちなみに，図 2.6 は $v_0 = 80\ \mathrm{km/h} = 22\ \mathrm{m/s}$，$g = 9.8\ \mathrm{m/s^2}$，$\theta = 10°, 30°, 45°, 60°, 80°, 90°$ の軌道を示している．$\theta = 45°$ のとき，質点は最も遠くまで飛ぶことがわかる． ☜

2.2.3　空気抵抗があるときの放物運動

空気中や液体中をゆっくり運動する物体には，粘性のために速度 $\boldsymbol{v}$ に比例し，逆向きの抵抗力 $k\boldsymbol{v}$（k は正の比例定数）がはたらく．この場合の運動は，運動方程式（2.31）の右辺に抵抗力を加えて

$$m\frac{dv_x}{dt} = -kv_x \quad (x\ \text{方向}), \qquad m\frac{dv_y}{dt} = -kv_y - mg \quad (y\ \text{方向}) \tag{2.38}$$

のように記述できる．

ここで，y 方向における上昇と下降の運動が同一の方程式で表される理由をみておこう．抵抗力は常に速度と逆向きにはたらくから，物体が上昇する（$v_y > 0$）ときは抵抗力は下向きにはたらくので $-kv_y < 0$ でなければなら

ないが，$-kv_y$ は $v_y>0$ より確かに負である．また，落下する（$v_y<0$）ときは抵抗力は上向きにはたらくので $-kv_y>0$ であるが，$-kv_y$ は $v_y<0$ より正となる．したがって，y 方向の運動はいずれの向きに対しても (2.38) の運動方程式で記述できるのである．なお，物体の落下速度が大きい場合の抵抗力は，速度の 2 乗に比例したものとなることを注意しておく（演習問題［2.10］を参照）．

速度と位置の x, y 成分は，各成分の初期条件を x_0, y_0, v_{x0}, v_{y0} とし，運動方程式（2.38）を積分して解けば次のように求まる．

$$v_x(t)=v_{x0}\,e^{-bt}\qquad\left(b\equiv\frac{k}{m}\right)\tag{2.39}$$

$$v_y(t)=\left(v_{y0}+\frac{g}{b}\right)e^{-bt}-\frac{g}{b}\tag{2.40}$$

$$x(t)=\frac{v_{x0}}{b}(1-e^{-bt})+x_0\tag{2.41}$$

$$y(t)=-\frac{g}{b}t+\frac{1}{b}\left(v_{y0}+\frac{g}{b}\right)(1-e^{-bt})+y_0\tag{2.42}$$

例えば，(2.39) は (2.38) の x 方向の式を $dv_x/v_x=-b\,dt$（$b=k/m$）と書いて両辺を積分した

$$\left.\begin{aligned}\text{左辺}&=\int_{v_{x0}}^{v_x}\frac{1}{v_x}\,dv_x=\log_e\frac{v_x}{v_{x0}}\\ \text{右辺}&=-b\int_0^t dt=-bt\end{aligned}\right\}\tag{2.43}$$

から求まる．$\log_e$ は無理数 $e=2.71828\cdots$ を底（てい）とする自然対数である．$\log_e$ は ln（ロンと読む）と書くことが多い．対数関数 $p=\log_e q=\ln q$ は指数関数 $q=e^p$ の逆関数であることに注意して (2.43) を書きかえれば，(2.39) を得る．なお，e^p（$\exp p$ とも書く）はエクスポネンシャル p と読むのが一般的である．

十分に時間が経つ（$t\to\infty$）と，速度は

$$v_x\ \to\ 0,\qquad v_y\ \to\ v_{\mathrm{t}}\equiv-\frac{g}{b}=-\frac{mg}{k}\tag{2.44}$$

となる．ここで，v_{t} は**終端速度**（しゅうたん）とよばれるもので，初速度 v_{y0} がどのよう

なものであっても，時間が経つとこの終端速度になる（添字 t は terminal（終端）の略）．物体の軌道は，(2.41) と (2.42) から t をパラメータとして決まる．軌道の $t \to \infty$ における漸近線は (2.41) より

$$x_\infty = \frac{v_{x0}}{b} + x_0 \tag{2.45}$$

である（演習問題［2.9］を参照）．

ところで，空気抵抗がない場合には，物体を仰角 45° で投げれば最も遠くまで届くことを［例題 2.5］でみたが，空気抵抗がある場合にはどうだろうか．この場合，(2.39) のように x 方向の速度は減少して，到達距離も (2.45) で決まるから，簡単にはわからない．しかしながら，実際に陸上競技でやり投げをする選手の動きを見ると，45° よりも小さい仰角で投げているように見える．また，野球の外野手がボールを遠投する場合にも同様の動きが見られる．この問題を［例題 2.6］で考えよう．

［例題 2.6］ 空気抵抗を受けている場合の放物体の軌道 (x, y) は，運動方程式 (2.38) の解 (2.41) と (2.42) で与えられる．いま，初期条件を $x_0 = 0$，$y_0 = 0$ として，(2.35) の初速度 v_{x0}，v_{y0} で投げた物体が到達する水平距離 L を求めよ．ただし，空気による抵抗力は小さいと考えて，係数 b は十分に小さいものとする．

また，水平距離 L が最大になる仰角 θ_m は，$bv_0/g < 4/5$ であれば 30° と 45° の間にあることを，$dL/d\theta$ の符号の変化から示せ．

［解］ $y = 0$ となる時刻 T を (2.42) から求めると

$$bgT = (g + bv_{y0})(1 - e^{-bT}) \tag{2.46}$$

であるが，この式から T を解析的に求めることはできない．ここで，指数関数 e^z は $|z| \ll 1$ であれば

$$e^z \approx 1 + z + \frac{z^2}{2} \tag{2.47}$$

と書くことができる（これはテイラー展開であるが，ここではその導出は省略して結果だけを利用する）ので，$z = -bT$ とすれば，(2.46) は $bgT = (g + bv_{y0})(bT - b^2T^2/2)$ となる．これから

$$T = \frac{2v_{y0}}{g + bv_{y0}} = \frac{2v_{y0}}{g}\left(1 + \frac{bv_{y0}}{g}\right)^{-1} \approx \frac{2v_{y0}}{g}\left(1 - \frac{bv_{y0}}{g}\right) \tag{2.48}$$

を得る．ここで，最後の変形では $|z| \ll 1$ のとき $(1 + z)^n \approx 1 + nz$ と近似できる

ことを用いた．

このTを（2.41）のtに代入すればLは求まるが，代入する前に（2.41）で現れる指数関数を（2.47）で書きかえ，$b^2T^2/2$の項を無視すれば

$$L = x(T) = v_{x0}T = \frac{2v_{x0}\,v_{y0}}{g}\left(1 - \frac{bv_{y0}}{g}\right) \tag{2.49}$$

を得る．

次に，Lが最大になる仰角θ_mを考える．Lの導関数$dL/d\theta$はθ_mでゼロになるから，$\theta_1 = 30°$と$\theta_2 = 45°$の間で$dL/d\theta$の符号が変われば，$\theta_1 < \theta_m < \theta_2$を示すことができる．導関数は（2.49）と（2.35）より

$$\frac{dL}{d\theta} = L'(\theta) = \frac{{v_0}^2}{g}\left[2\cos 2\theta - \frac{bv_0}{g}(2\cos 2\theta \sin\theta + \sin 2\theta \cos\theta)\right] \tag{2.50}$$

である．$L'(45°) = -\,bv_0^3/\sqrt{2}\,g^2 < 0$であるから，$L'(30°)$が正であればよい．$L'(30°) = (v_0^2/g)\,[1 - (5/4)\,(bv_0/g)]$より$L'(30°) > 0$であるためには，$bv_0/g < 4/5$を満足すればよいことがわかる．

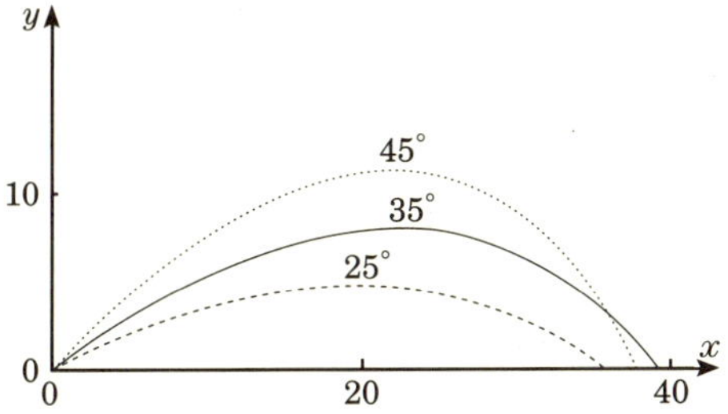

図2.7　空気抵抗がある場合の到達距離

ちなみに，図2.7は$v_0 = 90\,\mathrm{km/h}$，$b = 0.3$，$bv_0/g = 0.76$として，初期値$\theta = 45°$，$35°$，$25°$に対して（2.41），（2.42）を数値的に解いて得た軌道を示している．Lの最大値は$\theta = 35°$辺りにあることがわかる．☜

慣性質量と重力質量

物体の質量は，日常生活では天秤やバネ秤などで測ることにより知ることができる．ある質量をもつ物体にはたらく重力の大きさは，質量m_gと重力加速度gの積$m_g g$である．このときの質量m_gは，重力に関係した質量という意味で**重力質量**とよばれる（添字gはgravitational（重力）の略）．こ

れに対して，慣性の法則に基礎をおくニュートンの運動法則で決まる質量は，力と加速度の比例関係に現れる比例定数であり，加速度 a のとき力は $m_i a$ と表される（添字 i は inertial（慣性）の略）．このようにして決めた質量 m_i は慣性の法則に関わるものという意味で**慣性質量**とよばれる．重力質量 m_g と慣性質量 m_i は，原理的には値が違っていてもよいはずだが，ガリレイ以来，理由はわからないまま，両者は同じ値をもつものとして扱われてきた．そして，特に区別せずに**質量**という言葉を使ってきた．

実験的には，エートヴェッシュ（1848－1919）がねじれ秤を使って，両者が 10^{-9} の精度で等しいことを示した（1896年）．また，ディッケとプリンストン大学の研究者たちによる精密実験（1964年）によっても，10^{-11} の精度で一致することが確認された．もともと物体の慣性と物体にはたらく重力とは無関係な現象であるから，2つの質量が等しいということは現象論的な立場からいえばまったく偶然といわなければならない．

慣性質量は，物体が加速度運動するときに生じる慣性力（第8章で説明する）という見かけの力（例えば，遠心力）の比例定数でもある．慣性質量と重力質量がこれほどの精度で一致するということは，それを偶然と考えるよりも，そもそも両者が同じものであると考える方が簡単で単純明快である．つまり，重力は慣性力と同じもの（等価）であると考え，重力も慣性力のように座標系の取り方によっては消したり，発生させたりできるものと考えるのである．

アインシュタインは，この等価性に着目して，重力が存在するどのような場所においても，限られた局所的な範囲では重力を消して慣性系を作ることができると結論した（第8章のエレベーターの話を参照）．これが**等価原理**とよばれるもので，一般相対性理論の構築において本質的な役割を果たした．

一般相対性理論の成功により，慣性力と重力を区別する必要はなくなったのであるが，力学の講義においては，重力と慣性力を厳格に区別して取扱っている．これは，歴史的な事情によると思われるが，慣性系と非慣性系の概念をきちんと理解するためには，慣性質量と重力質量，慣性力と重力，などの区別をすることは有益であろう．

演 習 問 題

［**2.1**］ 1 kg の物体に 5 N の力がはたらいたときの物体の加速度 a を求めよ．

［**2.2**］ 時速 72 km で走行していた車がブレーキをかけ，5 秒間で停止した．このときの車の加速度 a と停止するまでの走行距離 d を求めよ．

［**2.3**］ 時速 V km で走行中の車がスリップしないように急ブレーキをかけたとき，止まるまでに走る距離はおよそ（$V^2/100$）m であるという．ブレーキは等加速度であるとして加速度の大きさ a を求めよ．

［**2.4**］ 100 m を 10 秒で走るランナーが，最初の 2 秒間は等加速度運動を，その後は等速運動を行うとしよう．最初の 2 秒間にこのランナーの足が出す力 F を求めよ．ただし，体重を 90 kg とせよ．

［**2.5**］ 野球ドームの天井の最高点の高さは 60 m から 70 m くらいである．いま，最高点までの高さを 68 m であるとして，この真下でボールを真上に打ったとき，ボールが天井に当たるためには初速 v_0 は 36.6 m/s = 131.8 km/h 以上必要であることを示せ．

［**2.6**］ 地上の 1 点 P をめがけて飛行機から物資を投下したい．飛行機は速さ $v_0 = 100$ m/s で，高さ $h = 100$ m の上空を水平に飛行している．点 P に物資を着地させるため，点 P が飛行機の直進方向から角度 θ_0 下の方向に見えたときに投下した．このときの $\tan\theta_0$ を求めよ．ただし，座標は地上を基準に鉛直上方を y 軸，水平方向を x 軸として式を立てよ．

［**2.7**］ 高さ h の場所から仰角 θ の方向に初速度 v_0 で質量 m のボールを投げたときの地上での到達距離 x を求めよ．ただし，空気抵抗はないものとする．

［**2.8**］ 前問において，ボールをできるだけ遠くまで投げたい．最大到達距離 D と仰角 θ_0 の $\tan\theta_0$ を求めよ．

［**2.9**］ 空気抵抗がある場合の放物体の運動方程式の解（2.39）～（2.42）は，$b \to 0$ の極限でどのような式になるかを示せ．

［**2.10**］ スカイダイビングにおいて速度 v で落下するスカイダイバーは，v の 2 乗に比例した空気抵抗力（慣性抵抗力）kv^2 を受ける（$k > 0$）．スカイダイバーの終端速度 v_t を求め，次に，時刻 t におけるスカイダイバーの落下の速度 $v(t)$ と高度 $y(t)$ を求めよ．ただし，初期条件は $v(0) = 0$, $y(0) = h$ とする．

第3章 仕事とエネルギー

本章のねらい

① 仕事という概念を理解する．
② 運動エネルギーは仕事をする能力であることを理解する．
③ ポテンシャルエネルギーから導かれる保存力を理解する．
④ 力学的エネルギー保存則と非保存力との関係を理解する．

3.1 仕事とスカラー積

2 3 4

力を加えられた物体が力の向きに動いたとき，力あるいは力を加えた人は物体に**仕事**（work）をしたという．

一直線上での一定の力による仕事の定義

いま，図3.1(a)のように物体が一定の力 $\boldsymbol{F}$ を受けながら一直線上を距離 r だけ動いたとする．力の向きと移動する向きが一致しているとき，力がす

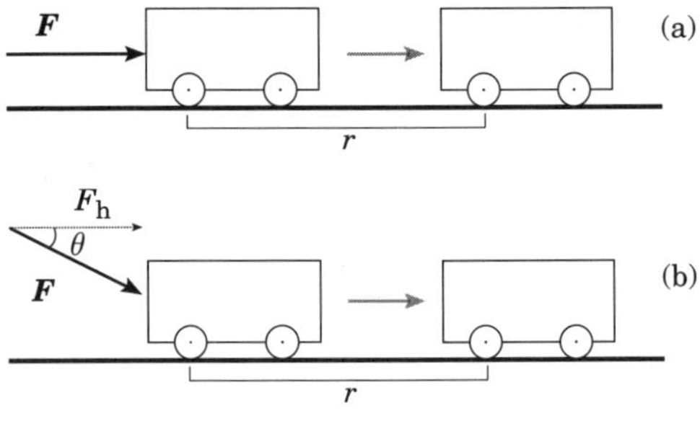

図3.1 仕事と力

る仕事 W は

$$W = Fr \qquad (F = |\boldsymbol{F}|) \tag{3.1}$$

で与えられる．また，図 3.1(b)のように力の向きと移動の向きが平行でない場合（例えば，手押し車や芝刈り機を斜め下に押して行く場合など）には，力と運動方向のなす角を θ とすれば，運動方向の力の成分 $F_{\rm h}$ は $F\cos\theta$ で与えられるから

$$W = F_{\rm h}\, r = Fr\cos\theta \tag{3.2}$$

が力のする仕事となる．つまり，**仕事**とは物体の動く方向の力の成分と移動距離の積で定義される量である．物体の移動は変位ベクトル $\boldsymbol{r}$ で表される．その変位ベクトルの大きさが移動距離 r であるから，仕事は（3.2）の右辺を力 $\boldsymbol{F}$ と変位ベクトル $\boldsymbol{r}$ による**スカラー積**（**内積**（ないせき））を用いて

$$\boxed{W = \boldsymbol{F}\cdot\boldsymbol{r}} \tag{3.3}$$

で定義される量である（演習問題［3.1］～［3.3］を参照）．

曲がった経路での仕事の定義

次に，図 3.2(a)のような曲がった経路に沿って質点を点 A から点 B まで移動させるときに力 $\boldsymbol{F}$ がする仕事 $W_{\rm AB}$ を考えよう．一般には，場所ごとに力と変位の間の角度 θ が異なるから，図 3.2(b)のように区間 AB を n 個の微小区間に分け，その区間内では力が一定であると見なす．そして，各区間の微小な仕事を加え合わせた

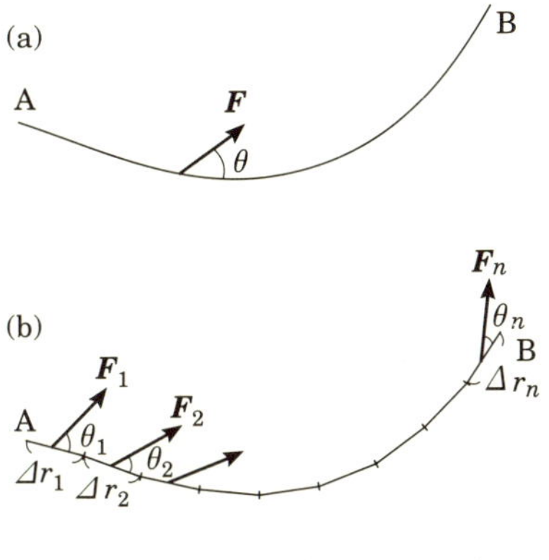

図3.2　仕事と一般的な力

$$\sum_{i=1}^{n} \boldsymbol{F}_i\cdot\Delta\boldsymbol{r}_i = F_1\cos\theta_1\,\Delta r_1 + F_2\cos\theta_2\,\Delta r_2 + \cdots + F_n\cos\theta_n\,\Delta r_n \tag{3.4}$$

によって仕事の大まかな値は求まると考える．

区間ABの各線分の長さ $\varDelta r_i$ は分割数 n の増大とともに小さくなるので，$\varDelta r_i$ を無限に小さくした極限を dr とすれば，和 (3.4) は積分で表すことができる．したがって，質点を点Aから点Bまで移動させたときに力 $\boldsymbol{F}$ がする仕事 W_{AB} は

$$\boxed{W_{\mathrm{AB}} \equiv \lim_{\substack{n\to\infty \\ \varDelta r_i \to 0}} \sum_{i=1}^{n} \boldsymbol{F}_i \cdot \varDelta \boldsymbol{r}_i = \int_{\mathrm{A}}^{\mathrm{B}} \boldsymbol{F} \cdot d\boldsymbol{r}} \tag{3.5}$$

で定義することができる．この積分のことを経路ABに沿っての**線積分**という．ここで，積分の下限，上限のA，Bは，出発点 ($\boldsymbol{r} = \boldsymbol{r}_{\mathrm{A}} = (x_{\mathrm{A}}, y_{\mathrm{A}}, z_{\mathrm{A}})$) と終点 ($\boldsymbol{r} = \boldsymbol{r}_{\mathrm{B}} = (x_{\mathrm{B}}, y_{\mathrm{B}}, z_{\mathrm{B}})$) の座標を簡潔に表すために用いた文字である（演習問題 [3.6] の解を参照)．

仕事の単位

仕事の定義 (3.1) より，仕事の次元はSI単位で N•m = J (Jouleの略で，ジュールと読む) である．1 J とは，物体に 1 N の力を加えながら 1 m 移動させたときに力がする仕事である．

[例題 3.1]　鉛直上向きに y 軸をとる．質量 m の物体が位置 a から b (a > b) まで重力を受けて自由落下している．このとき重力がする仕事を求めよ．ただし，空気の抵抗はないものとする．

[解]　物体にはたらく力は重力 $F_y = -mg$ だけであるから，重力がする仕事 W_{ab} は

$$W_{\mathrm{ab}} = \int_{\mathrm{a}}^{\mathrm{b}} F_y\, dy = -mg\int_{\mathrm{a}}^{\mathrm{b}} dy = -mg\Big[\,y\,\Big]_{\mathrm{a}}^{\mathrm{b}} = mg(\mathrm{a}-\mathrm{b}) \tag{3.6}$$

である．位置は a > b であるから，仕事は $W_{\mathrm{ab}} > 0$ である．つまり，重力が質点にした仕事は正ということがわかる．☜

3.2 運動エネルギー

仕事は力 $\boldsymbol{F}$ の線積分 (3.5) で与えられる．この式の意味を理解するため

に，図 3.3(a)のように質点が x 軸上で1次元の運動をしている簡単な場合を考えよう．力 $\boldsymbol{F}$ の x 成分を $F(x)$ とする．この力 $F(x)$ が質点にはたらいて点aから点bまで質点を移動させるとき，この力がする仕事 W_{ab} は (3.5) から

$$W_{\mathrm{ab}} = \int_{\mathrm{a}}^{\mathrm{b}} F(x)\,dx \qquad (3.7)$$

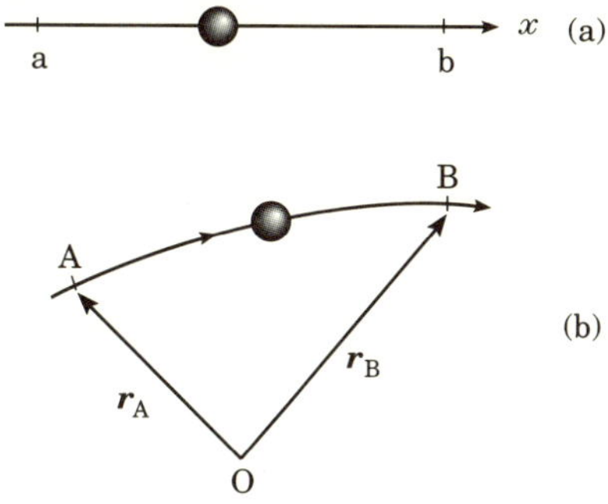

図3.3 運動エネルギーと仕事

で与えられる．この右辺の積分は運動方程式 $F(x) = m\,dv/dt$ と $dx = v\,dt$ を用いれば

$$\int_{\mathrm{a}}^{\mathrm{b}} F(x)\,dx = \int_{t_1}^{t_2} \left(m\frac{dv}{dt} \right)(v\,dt)$$

$$= m\int_{v_{\mathrm{a}}}^{v_{\mathrm{b}}} v\,dv = \frac{1}{2}\,m{v_{\mathrm{b}}}^2 - \frac{1}{2}\,m{v_{\mathrm{a}}}^2 \qquad (3.8)$$

となるから

$$W_{\mathrm{ab}} = \frac{1}{2}\,m{v_{\mathrm{b}}}^2 - \frac{1}{2}\,m{v_{\mathrm{a}}}^2 \qquad (3.9)$$

という関係式を得る．なお，(3.8) では，線積分の積分下限を時刻 t_1 で位置 $x(t_1) = \mathrm{a}$，速度 $v(t_1) = v_{\mathrm{a}}$ とし，積分上限を時刻 t_2 で $x(t_2) = \mathrm{b}$，速度 $v(t_2) = v_{\mathrm{b}}$ とした．

(3.9) の右辺に現れた2つの項は，それぞれ速度 v_{a} と v_{b} のときに質点がもつ**運動エネルギー**とよばれる量で，一般に速度 v のとき

$$K = \frac{1}{2}\,mv^2 \qquad (3.10)$$

と書く．ここで K は運動エネルギー (kinetic energy) の略である．したがって，(3.9) は点aから点bへの運動エネルギーの増加量が力のした仕事 W_{ab} に等しいことを示している．

1次元の運動の場合に導いた仕事と運動エネルギーの関係式 (3.9) は，

図3.3(b)のような3次元の運動に拡張しても

$$W_{AB} = \frac{1}{2} m |\boldsymbol{v}_B|^2 - \frac{1}{2} m |\boldsymbol{v}_A|^2 = K_B - K_A \qquad (3.11)$$

のように成り立つことがわかる（演習問題［3.6］を参照）．以上より，質点がある区間を運動する間の運動エネルギーの変化量が，その区間で力が質点にした仕事に等しいことがわかる．なお，1次元から3次元へ次元を増やしても結果は変わらないのは，仕事という量がスカラー積で定義されたスカラー量であることに起因している．

3.3 保存力とポテンシャルエネルギー

力 $\boldsymbol{F}$ が質点にする仕事を決める線積分（3.5）の値は，一般に質点がどのような運動の経路をとるかによって異なる．しかし，この線積分の値が運動の途中の経路によらず，運動の始点Aと終点Bの値だけで決まるならば，計算がとても簡単になる．実は，保存力とよばれる力の場合には，これが実現する．では，保存力であるためには力がどのような性質をもてばよいかを次に述べる．

1次元の運動の場合

簡単のために，1次元の運動での仕事の式（3.7）を使って考えよう．いま，力 $F(x)$ がある関数 $U(x)$ を用いて

$$F(x) = -\frac{dU(x)}{dx} \qquad (3.12)$$

で与えられているとする．これを $F(x)\,dx = -dU(x)$ と変形し，仕事の式（3.7）の右辺を書きかえて定積分を実行すれば

$$\int_a^b F(x)\,dx = -\int_{U_a}^{U_b} dU = -\Big[U\Big]_{U_a}^{U_b} = U_a - U_b \qquad (3.13)$$

を得る．ここで U_{a} は，位置 $x=\mathrm{a}$ における $U(x)$ の値 $U(\mathrm{a})$ である．したがって，仕事は

$$\boxed{W_{\mathrm{ab}}=U_{\mathrm{a}}-U_{\mathrm{b}}} \tag{3.14}$$

と表される．この式は，仕事 W_{ab} が始点 a での値 U_{a} と終点 b での値 U_{b} だけで決まり，質点の運動が途中でどのような経路をとるかには無関係であることを意味している．

3 次元の運動の場合

3 次元の運動の場合でも，線積分（3.5）の $\boldsymbol{F}=(F_x, F_y, F_z)$ の各成分が（3.12）のように関数 U の微分によって与えられるとすれば，（3.14）と同じ形の式

$$\boxed{W_{\mathrm{AB}}=U_{\mathrm{A}}-U_{\mathrm{B}}} \tag{3.15}$$

に書けることが示される（［問 3.1］を参照）．

しかし注意すべきことは，3 次元の場合，力 $\boldsymbol{F}$ は x, y, z の 3 つの成分に依存しているから，（3.12）の関数 U も $U(x, y, z)$ となることである．このため，変数 x, y, z などによる $U(x, y, z)$ の微分を

$$\boxed{F_x=-\frac{\partial U(x, y, z)}{\partial x}, \quad F_y=-\frac{\partial U(x, y, z)}{\partial y}, \quad F_z=-\frac{\partial U(x, y, z)}{\partial z}} \tag{3.16}$$

と書いて，U が多変数の関数であることを明示する必要がある．記号 ∂ はラウンド・ディと読む．このような微分を**偏微分**とよび，例えば，x で U を微分するときは，他の変数 y, z は定数と見なして微分すればよい（付録の A.3 を参照）．

以上のように，仕事の値が関数 U の始点と終点での値だけで決まるという（3.14）と（3.15）の驚くべき結果は，力を関数 U の微分によって定義したことに由来する．この特別なスカラー関数 U を**ポテンシャルエネルギ**

ー（**位置エネルギー**）とよぶ（単に**ポテンシャル**ということも多い）．つまり，**保存力**とは，ポテンシャル U から（3.12）や（3.16）の微分によって導かれる力のことである（演習問題［3.5］を参照）．一方，摩擦力や抵抗力などの力の場合には，始点Aと終点Bを指定しておいても，積分路の長さを変えると仕事 W_{AB} の値も変わるために（3.14）と（3.15）は成り立たない．このような摩擦力や抵抗力などの力を**非保存力**という．

［問 3.1］　3次元の運動の場合について，仕事とポテンシャルの関係式（3.15）を導け．

［解］（3.5）の右辺 $\boldsymbol{F}\cdot d\boldsymbol{r} = F_x\,dx + F_y\,dy + F_z\,dz$ に（3.16）を用いると

$$\boldsymbol{F}\cdot d\boldsymbol{r} = -\left(\frac{\partial U}{\partial x}dx + \frac{\partial U}{\partial y}dy + \frac{\partial U}{\partial z}dz\right) = -\,dU \qquad (3.17)$$

となる．ここで，2番目の式から3番目の式に移るとき

$$dU(x,\,y,\,z) \equiv \frac{\partial U}{\partial x}dx + \frac{\partial U}{\partial y}dy + \frac{\partial U}{\partial z}dz \qquad (3.18)$$

で定義される，関数 U の**全微分**（ぜんびぶん）とよばれる量 dU を使った（付録のA.3を参照）．この全微分は，近接した2つの位置 $\boldsymbol{r}$ と $\boldsymbol{r} + d\boldsymbol{r}$ における関数 U の値の差 $dU = U(\boldsymbol{r} + d\boldsymbol{r}) - U(\boldsymbol{r})$ を表すもので，（3.17）は $U(\boldsymbol{r} + d\boldsymbol{r})$ をテイラー展開して得られる．（3.17）の両辺の積分をとったものは，（3.13）の1，2番目の式と同じ形であるから，（3.15）が導かれる．☜

［例題 3.2］　図3.4のように，鉛直面 $(x,\,y)$ 内で半径 a の円周に沿って A → B → C の経路で質量 m の質点を動かしたとき，重力がする仕事 $W_{A\to B\to C}$ を求めよ．また，A → C（y 軸上の移動）の経路に沿って動かしたときに重力がする仕

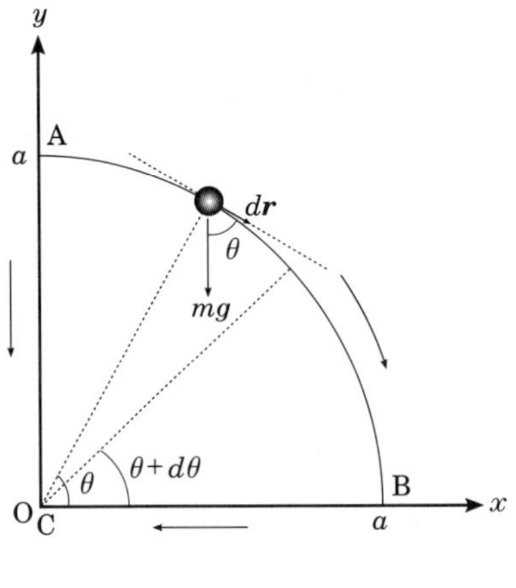

図 3.4　重力がする仕事

事 $W_{A\to C}$ を求めて，$W_{A\to B\to C}$ と比較せよ．

［解］ 質量 m の質点が半径 a の円に沿って動いている途中を考える．角 θ を図3.4のようにとると，重力 $\boldsymbol{F} = (0, -mg)$ と変位ベクトル $d\boldsymbol{r}$ とのなす角は θ に等しい．質点が A → B と動くとき，θ は $\pi/2 \to 0$ となる．質点が $dr\ (>0)$ だけ動いたら角度は θ から $\theta + d\theta$ に減少する $(d\theta < 0)$ ので $dr = -a\,d\theta$ である．したがって $\boldsymbol{F}\cdot d\boldsymbol{r} = F\,dr\cos\theta = mg(-a\,d\theta)\cos\theta$ と表されるから，(3.5)より

$$W_{A\to B\to C} = \int_A^B \boldsymbol{F}\cdot d\boldsymbol{r} + \int_B^C \boldsymbol{F}\cdot d\boldsymbol{r} = \int_A^B \boldsymbol{F}\cdot d\boldsymbol{r} = -mga\int_{\pi/2}^0 \cos\theta\,d\theta = mga \tag{3.19}$$

となる．ここで，B → C の積分は $\boldsymbol{F}\cdot d\boldsymbol{r} = 0$（移動方向が重力に垂直）のために仕事には寄与しない．

次に A → C の場合は，力 $\boldsymbol{F}$ と変位 $d\boldsymbol{r} = (dx, dy)$ のスカラー積は $\boldsymbol{F}\cdot d\boldsymbol{r} = F_x\,dx + F_y\,dy = -mg\,dy$ である．これより

$$W_{A\to C} = \int_A^C \boldsymbol{F}\cdot d\boldsymbol{r} = -mg\int_a^0 dy = mga \tag{3.20}$$

となり，$W_{A\to B\to C}$ と仕事が同じであることがわかる． ☜

保存力の性質

仕事とポテンシャルエネルギーとの関係を与える（3.15）は，力が保存力である限り，線積分（3.5）の下限 A と上限 B を固定すれば，A と B をつなぐ経路は自由にとってよいことを述べている．そこで，図3.5(a)のように A から B に向かう時計回りの経路 C_1 と反時計回りの経路 C_2 を考える．

この C_1 と C_2 に対して，線積分

$$\int_A^B \boldsymbol{F}\cdot d\boldsymbol{r} = \int_{C_1} \boldsymbol{F}\cdot d\boldsymbol{r} = \int_{C_2} \boldsymbol{F}\cdot d\boldsymbol{r} \tag{3.21}$$

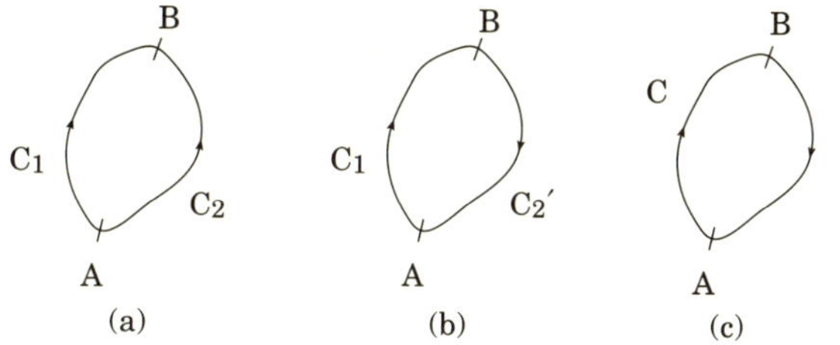

図3.5　仕事は経路によらない

が成り立つ．ここで，$\int_{C_1}$ は経路 C_1 に沿う積分であることを示す書き方である．一方，経路 C_2 に沿って B から A にもどる（時計回り）図 3.5(b)のような経路 C_2' を考えると

$$\int_{C_2'} \boldsymbol{F}\cdot d\boldsymbol{r} = \int_B^A \boldsymbol{F}\cdot d\boldsymbol{r} = -\int_A^B \boldsymbol{F}\cdot d\boldsymbol{r} = -\int_{C_2} \boldsymbol{F}\cdot d\boldsymbol{r} \quad (3.22)$$

より，C_2' に沿う線積分の値は C_2 に沿う線積分の値に負符号を付けたものに一致する．そこで，いま図 3.5(c)のように積分経路として 1 周した閉経路 C（A から時計回りに B を通って A にもどる）での積分をとると

$$\oint_C \boldsymbol{F}\cdot d\boldsymbol{r} \equiv \int_{C_1} \boldsymbol{F}\cdot d\boldsymbol{r} + \int_{C_2'} \boldsymbol{F}\cdot d\boldsymbol{r}$$
$$= \int_{C_1} \boldsymbol{F}\cdot d\boldsymbol{r} - \int_{C_2} \boldsymbol{F}\cdot d\boldsymbol{r} = 0 \quad (3.23)$$

となる．つまり，保存力 $\boldsymbol{F}$ に対して任意の閉曲線 C に沿う一周りの線積分を計算すると，その値は常にゼロになる．ここで記号 $\oint_C$ は，経路 C に沿って積分を 1 周に渡って実行することを意味する．この 1 周積分（3.23）がゼロとなる結果を保存力の定義と考えてもよい．

ナブラ演算子（えんざんし） ∇

保存力 $\boldsymbol{F} = \boldsymbol{i}F_x + \boldsymbol{j}F_y + \boldsymbol{k}F_z$ は，力の成分（3.16）を用いて

$$\boldsymbol{F} = -\left(\boldsymbol{i}\frac{\partial U}{\partial x} + \boldsymbol{j}\frac{\partial U}{\partial y} + \boldsymbol{k}\frac{\partial U}{\partial z}\right)$$
$$= -\left(\boldsymbol{i}\frac{\partial}{\partial x} + \boldsymbol{j}\frac{\partial}{\partial y} + \boldsymbol{k}\frac{\partial}{\partial z}\right)U = -\nabla U \quad (3.24)$$

のように簡潔に表すことができる．ここで，最後の式ではナブラとよばれる次のような演算子を用いた．

$$\nabla \equiv \boldsymbol{i}\frac{\partial}{\partial x} + \boldsymbol{j}\frac{\partial}{\partial y} + \boldsymbol{k}\frac{\partial}{\partial z} \quad (3.25)$$

このナブラ演算子は，偏微分記号 $\partial/\partial x, \partial/\partial y, \partial/\partial z$ をベクトルの x, y, z 成分と見なしたベクトル演算子で，記号 ∇（ナブラ）を使って表す．**演算子**という言葉は，演算するものという意味で，演算されるものは右側に置か

れたスカラー関数である．なお，∇U はスカラー関数 U の勾配（こうばい）ともよばれる．(3.18) の全微分は (3.25) を用いると

$$dU = \nabla U \cdot d\boldsymbol{r} \tag{3.26}$$

と書きかえることができる．この式から，力とポテンシャルとの間に成り立つ重要な幾何学的関係が導けることを次に述べる．

等ポテンシャル面

一般に，位置の関数として表現される物理的な空間を**場**（ば）(field) という．例えば，空間の場所ごとに力 $\boldsymbol{F}(x, y, z)$ が決まっていれば，この空間は**力の場**とよばれる．私たちが住んでいる地球の表面近くの空間は**重力場**である．力 $\boldsymbol{F}$ はベクトル量だから，力の場の表現には一般に F_x, F_y, F_z という 3 つの関数が必要であるが，保存力の場合に限り，ポテンシャルエネルギー U だけで表現できる．そして，このスカラー関数 U が 3 次元空間における**ポテンシャル場**を与える．

このポテンシャル場 U に対して $U(x, y, z) = 一定 = C$ を考えると，これはポテンシャルエネルギーの値が一定の曲面を表すので，**等ポテンシャル面**とよばれている．図 3.6 は 3 変数 x, y, z のポテンシャル場 $U(x, y, z)$ に対する等ポテンシャル面 $U = C$ を示している．この等ポテンシャル面上に 2 つの点 P と Q をとり，点 Q は点 P から距離 $d\boldsymbol{r}$ にあるように選ぶ．点 P から点 Q に移ったとき $U = C$ の変化量 $dU = 0$ であるから，(3.26) より $\nabla U \cdot d\boldsymbol{r} = 0$ である．等ポテンシャル面上で $d\boldsymbol{r}$ は任意の向きをとれるから，この式は ∇U がこの曲面の法線方向を向いていることを意味する．つまり，力 $\boldsymbol{F} = -\nabla U$ は等ポテンシャル面に直交しているこ

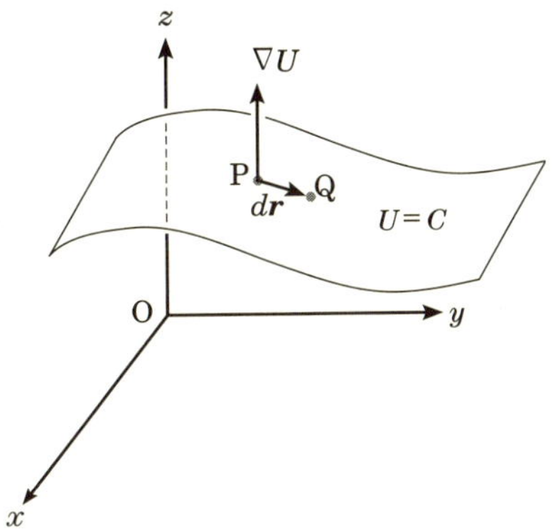

図3.6　等ポテンシャル面

となる．例えば，電磁気学で学ぶ等電位面と電気力線が常に直交するのも同じ理由による．

力がポテンシャル面と直交することをもっと直観的に理解したければ，関数 U がつりがね状の山を表す曲面であると想像し，$U(x, y) = 一定$ を山の等高線に対応させればよい．このとき力 $= -\nabla U$ は等高線と直交するので，例えば，山に降った雨水が流れ落ちていく方向に一致する（雨水にはたらく重力の向きは当然，下流側を向いている）．言いかえれば，力のはたらく向きとは，ポテンシャルの減少する向きである．

3.4 力学的エネルギー保存則

力には保存力（conservative force）$\boldsymbol{F}_{\rm C}$ と非保存力（non-conservative force）$\boldsymbol{F}_{\rm NC}$ の 2 種類がある．いま，質点がこの両方の力を受けながら運動する場合を考えよう．質量 m の質点が点 A から点 B まで動いたときに力 $\boldsymbol{F} = \boldsymbol{F}_{\rm C} + \boldsymbol{F}_{\rm NC}$ が質点にする仕事は，定義により

$$W = \int_{\rm A}^{\rm B} \boldsymbol{F}\cdot d\boldsymbol{r} = \int_{\rm A}^{\rm B} \boldsymbol{F}_{\rm C}\cdot d\boldsymbol{r} + \int_{\rm A}^{\rm B} \boldsymbol{F}_{\rm NC}\cdot d\boldsymbol{r} \tag{3.27}$$

である．この W は（3.5）と同じなので（3.11）が成り立ち（文字 W は（3.15）の $W_{\rm AB}$ と区別するために使用），

$$\boxed{W = K_{\rm B} - K_{\rm A}} \tag{3.28}$$

と書くことができる．つまり，（3.11）を導くときには力 $\boldsymbol{F}$ に対して特別な条件を何もつけなかったので，力 $\boldsymbol{F}$ が保存力でも非保存力でも，あるいは両方が存在する場合でも（3.11）は成り立つのである．

一方，（3.27）の右辺の保存力 $\boldsymbol{F}_{\rm C}$ による仕事は，（3.15）のようにポテンシャルエネルギーと結びついているから，（3.27）は

$$(K_{\mathrm{B}} + U_{\mathrm{B}}) - (K_{\mathrm{A}} + U_{\mathrm{A}}) = \int_{\mathrm{A}}^{\mathrm{B}} \boldsymbol{F}_{\mathrm{NC}} \cdot d\boldsymbol{r} \tag{3.29}$$

と書ける．いま，非保存力が質点の運動方向に対して垂直で仕事をしない（$\boldsymbol{F}_{\mathrm{NC}} \cdot d\boldsymbol{r} = 0$）場合には，このエネルギーと仕事の関係式（3.29）の右辺はゼロとなり，$K_{\mathrm{B}} + U_{\mathrm{B}} = K_{\mathrm{A}} + U_{\mathrm{A}}$ を得る．つまり，点Aと点Bという場所の違いにもかかわらず，

$$K + U = E\ (\text{一定値}) \tag{3.30}$$

であることがわかる．この $K + U$ を**力学的エネルギー**とよび，その和を一般に E で表す．（3.30）は質点がどのように運動しても力学的エネルギーは一定で変化しないことを意味するので，**力学的エネルギー保存則**とよばれている．

摩擦力のような非保存力 $\boldsymbol{F}_{\mathrm{NC}}$ が仕事をする場合は，力は常に運動と逆向きにはたらくから，$\boldsymbol{F}_{\mathrm{NC}} \cdot d\boldsymbol{r} = F_{\mathrm{NC}}\, dr \cos 180^\circ = -F_{\mathrm{NC}}\, dr < 0$ である．このとき，（3.29）は質点が点Aから点Bに移動する間に力学的エネルギーが減少することを教えている（演習問題［3.7］，［3.8］を参照）．

［例題 3.3］　図3.7のように傾斜角 θ の斜面上を滑り落ちる物体（質量 m）には，重力 $\boldsymbol{F}$（大きさ mg）と垂直抗力 $\boldsymbol{N}$（大きさ $mg\cos\theta$）と摩擦力 $f_t = \mu mg \cos\theta$ がはたらいている．ここで μ は動摩擦係数である．斜面に沿う力は $f = mg\sin\theta$ と f_t であるから物体の運動方程式は

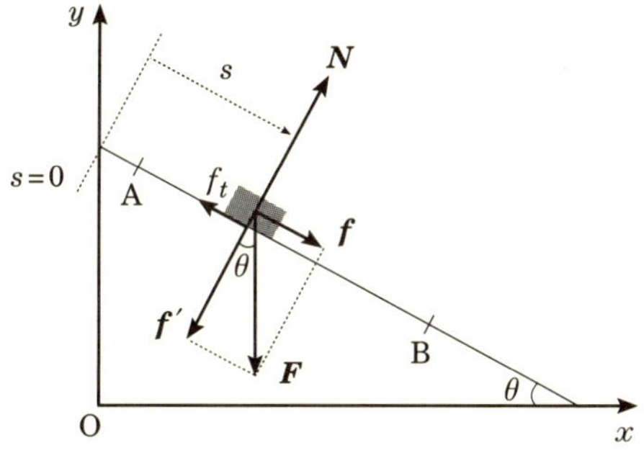

図3.7　斜面上の物体にはたらく力

$$m\frac{dv}{dt} = mg\sin\theta - \mu mg\cos\theta \tag{3.31}$$

である．これを用いて（3.28）が成り立つことを具体的に示せ．

［解］ まず，この例題で扱う力について簡単に説明する．**垂直抗力** $\boldsymbol{N}$ は，物体が斜面にめり込むのを防ぐために現れる力で，重力によって物体が斜面を垂直に押す力 $\boldsymbol{f}'$（大きさ $f' = mg\cos\theta$）とつり合い $\boldsymbol{N} = -\boldsymbol{f}'$ である（これは6.1節で学ぶ，力の作用・反作用によるものである）．また，摩擦力 f_t は垂直抗力 N に比例し，その比例係数が μ であるから $f_t = \mu N$ である．

さて，(3.31) より加速度 a は $a = dv/dt = g(\sin\theta - \mu\cos\theta)$ で一定である．斜面に沿って滑り落ちた距離（変位）を s とすると，速度は $ds/dt = v$ で与えられる．(2.15) と (2.17) から

$$v(t) = \frac{ds}{dt} = at + v_0, \qquad s(t) = \frac{1}{2}at^2 + v_0 t + s_0 \tag{3.32}$$

である．ここで v_0, s_0 は $t = 0$ での初速度 v と初期位置 s を表す．質点の運動エネルギーは，これら2つの式を使って

$$K = \frac{1}{2}mv^2 = \frac{1}{2}m(at + v_0)^2 = ma(s - s_0) + \frac{1}{2}mv_0{}^2 \tag{3.33}$$

であるから，$s = s_A$ の点Aと $s = s_B$ の点Bにおける運動エネルギーの差 $K_B - K_A = mv_B{}^2/2 - mv_A{}^2/2$ は

$$K_B - K_A = ma(s_B - s_A) = mg(\sin\theta - \mu\cos\theta)(s_B - s_A) \tag{3.34}$$

となる．

次に，仕事 (3.27) を考えよう．運動方向（変位）に垂直な力は仕事をしないから，仕事をするのは重力の斜面に平行な成分 $|\boldsymbol{F}_C| = F_C = f = mg\sin\theta$ と摩擦力 $|\boldsymbol{F}_{NC}| = F_{NC} = f_t = \mu mg\cos\theta$ だけである．ここで摩擦力と変位の向きが反対なので $\boldsymbol{F}_{NC}\cdot d\boldsymbol{r} = F_{NC}\,ds\cos\pi = -F_{NC}\,ds$ であることに注意すれば，合力 $\boldsymbol{F} = \boldsymbol{F}_C + \boldsymbol{F}_{NC}$ のする仕事は

$$W = \int_A^B \boldsymbol{F}\cdot d\boldsymbol{r} = \int_A^B F_C\,ds + \int_A^B (-F_{NC})\,ds = mg(\sin\theta - \mu\cos\theta)(s_B - s_A) \tag{3.35}$$

となり (3.34) の右辺と一致するから，(3.28) が成り立つことがわかる．

なお，力学的エネルギー保存則の観点から (3.34) を少し見ておこう．点Aと点Bの高さの差は $y_A - y_B = (s_B - s_A)\sin\theta$ であるから，(3.34) は

$$(K_B + mgy_B) - (K_A + mgy_A) = -\mu mg(s_B - s_A)\cos\theta \tag{3.36}$$

となり，エネルギーと仕事の関係式 (3.29) に一致する．摩擦がなければ $\mu = 0$ なので，$K_A + mgy_A = K_B + mgy_B$ という力学的エネルギー保存則が成り立つ．これを $K_B - K_A = mg(y_A - y_B)$ と書きかえれば，重力のした仕事がそのまますべて運動エネルギーの増加になることがわかる．しかし $\mu \neq 0$ で摩擦があれば，(3.36) の右辺は負だから，$K_B - K_A < mg(y_A - y_B)$ であり，運動エネルギーの増加量は $\mu = 0$ の場合よりも小さくなる．つまり，摩擦力がした仕事だけ力学的エネルギーは減少するのである． ☜

[例題 3.4]　雨粒が v_t という終端速度 (2.44) で等速落下運動している．この雨粒が高さ $h = y_A - y_B\,(>0)$ だけ落下したときの力学的エネルギーの変化量 $\varDelta E$ を求めよ．次に，空気による抵抗力のする仕事 W を求めて，$\varDelta E$ との関係を (3.29) を用いて論じよ．

[解]　雨粒は終端速度 v_t で落下しているから，速度は常に一定 $v_A = v_B = v_t$ であるため，運動エネルギーは $K_A = K_B$ である．この結果，エネルギーと仕事の関係式 (3.29) の左辺の力学的エネルギーの変化量は

$$\varDelta E = (K_B + U_B) - (K_A + U_A) = U_B - U_A = mgy_B - mgy_A = -mgh \tag{3.37}$$

となって，mgh だけエネルギーが減少する．

次に，抵抗力（非保存力 F_{NC}）がする仕事を計算しよう．(2.44) より終端速度 v_t は $-mg/k$ であるから，$F_{NC} = -kv_t = mg$ である．したがって，抵抗力がする仕事 W は

$$W = \int_A^B (-kv_t)\,dy = mg\int_A^B dy = mg(y_B - y_A) = -mgh \tag{3.38}$$

となり，変化量 $\varDelta E$ と等しくなる．つまり，位置エネルギーの減少分（$-mgh$）が運動エネルギーの増加に転化されず摩擦力により熱となって消えていくのである（これを**エネルギーの散逸**（さんいつ）という）．この結果，雨粒は等速落下運動を続けることができるのである．

演 習 問 題

[3.1]　ある人が地面に置いてある 20 kg の荷物を鉛直に 1 m 持ち上げた．

(1)　この人がした仕事 W を求めよ．

(2)　この状態で真横に 2 m 歩いたとき，この人がした仕事 W を求めよ．

[3.2]　直線上を 40 m/s で運動している質量 20 kg の質点を一定の力を加えて 5 秒間で停止させた．この力の大きさ F と力のした仕事 W を求めよ．

[3.3]　短距離走者が 8 m/s の速さで走っている．地面を蹴って走るので，走者には地面から前向きの摩擦力がはたらく．この摩擦力が走者（質量 60 kg）にした仕事 W を求めよ．ただし，空気抵抗は無視する．

[3.4]　原点からの距離が $r = \sqrt{x^2 + y^2 + z^2}$ である場所のポテンシャルが $U(r) = -A/r$ で与えられている．このときの力 $\boldsymbol{F}$ の成分 F_x, F_y, F_z を求め，$\boldsymbol{F}$ の特徴を述べよ．ただし，A は正の定数である．

[3.5]　xy 平面上で力 $\boldsymbol{F}$ の成分が $F_x = axy$, $F_y = bx^2 + y^2$ で与えられている．

力 $\boldsymbol{F}$ が保存力になるように，a と b の間の関係を定めて，ポテンシャル $U(x, y)$ を求めよ．ただし，$U(0, 0) = 0$ とする．

[**3.6**]　仕事と運動エネルギーの関係式（3.11）を導け．

[**3.7**]　車を速さ v で水平な道路上を運転しているとき，等加速度の急ブレーキをかけて停止した．このとき車が初めにもっていた運動エネルギーは摩擦力による仕事と同じ量であることを使って，車が時速 60 km（$= 17$ m/s）で走っていた場合に停止するまでの走行距離 d を求めよ．ただし，動摩擦係数は $\mu = 1.0$ とする．

[**3.8**]　質量 60 kg の物体を初速度 10 m/s で斜面上方に向かって滑らせる．この物体が停止するまでに移動する距離 d を求めよ．ただし，斜面の傾斜角度 30°，動摩擦係数 $\mu = 0.30$ とする．ただし，$\sqrt{3} = 1.7$ として計算せよ．

第 4 章
いろいろな振動

本 章 の ね ら い

① フックの法則と調和振動子を理解する．
② 減衰振動の振舞が摩擦力の大きさで変わることを理解する．
③ 強制振動と共振現象を理解する．
④ 線形的な振動と非線形的な振動の違いを理解する．

4.1 単 振 動

2 3 4 5

振動という現象は自然界で広く見られるものである．一般に，物体は安定な位置（**平衡点**（へいこうてん）という）で静止しているときに動かされると，平衡点にもどろうとする力と慣性のはたらきとによって，もとの平衡点の周りで振動を起こす．まず，振動の一般的な性質や特徴を知るために，バネの先に付けられた物体の振動を具体的に調べてみよう．

バネの伸び（縮み）が小さいときは，バネの力はバネの伸び（縮み）に比例することが知られている．これを**フックの法則**という．フックの法則に従うバネにつながれた物体が，図 4.1 のように水平な x 軸上を運動しているとしよう．バネの力がちょうど消えるときの物体の位置（平衡点）を原点 O とし，バネの伸びる向きを x 軸の正方向にとって物体の変位を x で表す．原点からの変位 x に比例するバネからの力 F は，物体の位置が図 4.1(a)の

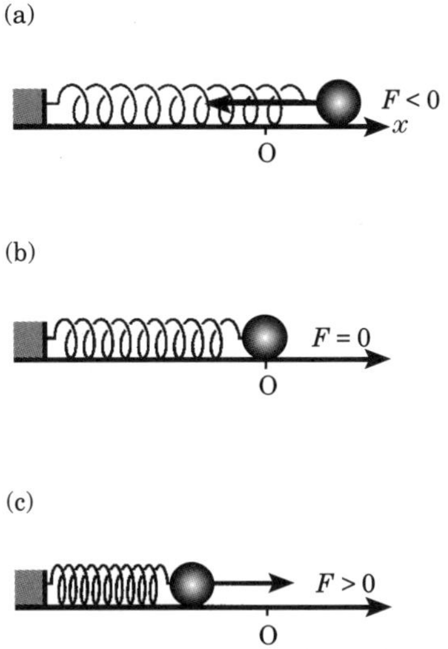

図4.1　フックの法則に従うバネ

ように $x > 0$ ならば，バネは縮もうとして物体は負の向きに力を受ける．逆に，バネが縮んで物体の位置が図 4.1(c)のように $x < 0$ であれば，バネは伸びようとして物体に正の向きの力を与える．したがって，**バネ定数**を k（$k > 0$）とすれば，フックの法則に従う力は次のように書ける．

$$\boxed{F = -kx} \tag{4.1}$$

この力によって生じる運動を**単振動**あるいは**調和振動**といい，単振動する系（システム）を**調和振動子**という．調和振動子はさまざまな物理現象を考えるときによく使われる重要なモデルであるから，十分に理解しておく必要がある．

調和振動子の運動方程式を作るには，力が（4.1）のように x の関数だから $m(dv/dt) = F$ よりも

$$m\frac{d^2x}{dt^2} = -kx \tag{4.2}$$

を使う方が適切である．この両辺を m で割って

$$\boxed{\frac{d^2x}{dt^2} = -\,\omega^2 x \qquad \left(\omega = \sqrt{\frac{k}{m}}\right)} \tag{4.3}$$

と書いたものが**単振動の運動方程式**で，これからの話の中心になる重要な運動方程式である（ω については，54 頁で述べる）．この単振動の運動方程式は，x に関する時間の 2 階微分を含む微分方程式である．これから，この解を求めることを考えよう．

2.2 節で学んだ直線運動や放物運動の場合には，運動方程式を時間などで積分する方法，いわゆる求積法によって一般解を求めることができた．しかしながら，(4.3) は，そのような方法では解けない．試しに，(4.3) の両辺を t で 2 回積分してみても

$$\frac{dx(t)}{dt} = -\,\omega^2 \int^t x(t')\,dt', \qquad x(t) = -\,\omega^2 \int^t \left[\int^{t'} x(t'')\,dt''\right] dt' \tag{4.4}$$

となって，求めようとする解 $x(t)$ が，右辺の不定積分の中に $x(t'')$ のように含まれてしまい，解けたことにはならない．このように，対象とする微分方程式のタイプによってはほかの方法を使わなければならない．このため，力学を初めとして物理の諸領域で使われるいくつかの代表的な運動方程式に対しては，それらの解法を修得する必要がある．ここで扱う単振動の運動方程式 (4.3) は物理学において最も重要なものの一つであるから，この解法は十分に理解しなければならない．

直観的な解法

単振動の運動方程式 (4.3) の解は，文字通り振動することが予想される．振動する解は三角関数の $\cos\omega t$ や $\sin\omega t$ で表されるから，試しに解を

$$\boxed{x(t) = C\sin(\omega t + \phi)} \tag{4.5}$$

とおいてみよう．ここで，C と ϕ は任意定数である．dx/dt と d^2x/dt^2 を計算すると

$$\frac{dx}{dt} = \omega C \cos(\omega t + \phi), \qquad \frac{d^2x}{dt^2} = -\omega^2 C \sin(\omega t + \phi) \tag{4.6}$$

より $d^2x/dt^2 = -\omega^2 x$ となるから，確かに（4.5）は（4.3）の解である．

（4.5）の ϕ は任意定数であるから，$\phi = \phi' + \pi/2$ とおいた

$$x(t) = C \cos(\omega t + \phi') \tag{4.7}$$

も（4.3）の解になる．また，公式 $\sin(x+y) = \sin x \cos y + \cos x \sin y$ を用いて，（4.5）を

$$x(t) = C \sin\phi \cos\omega t + C \cos\phi \sin\omega t \tag{4.8}$$

と書き，$C\sin\phi = A$, $C\cos\phi = B$ のように係数をおきかえた

$$x(t) = A\cos\omega t + B\sin\omega t \tag{4.9}$$

も（4.3）の解になる．このとき，任意定数 C, ϕ と A, B の間には $C = \sqrt{A^2 + B^2}$, $\tan\phi = A/B$ という関係が成り立つ．

ここで示した 3 つの解（4.5），（4.7），（4.9）は，いずれも任意定数が 2 つ含まれているから一般解である．これら 2 つの定数は 2.2 節で現れた x_0 や v_0 などと同種の定数であり，初期条件を与えることによって一意的に決まる．

単振動を特徴づける諸量

（4.5）で与えた単振動の解の表式は，**振幅** C と**位相** $\omega t + \phi$ からできている．特に，ϕ は時刻 $t = 0$ における位相という意味で**初期位相**（**位相定数**）という．ω は**角振動数**（**角周波数**）とよばれるが，物体の質量とバネ定数だけで決まる振動系に固有な量であるから，**固有角振動数**（**固有角周波数**）ともいう．単振動の**周期** T は

$$T = \frac{2\pi}{\omega} = 2\pi\sqrt{\frac{m}{k}} \tag{4.10}$$

である．$\omega T = 2\pi$ であるから，（4.5）で変位 $x(t)$ の t を $t + T$ とすると，$x(t+T) = x(t)$ という関係式が常に成り立つ．つまり，位相 ωt が 2π だけ進めば変位 x はもとの変位にもどるのである．

また，単振動の**振動数**（**周波数**）は単位時間に振動する回数だから，周期の逆数

$$\boxed{\nu = \frac{1}{T} = \frac{\omega}{2\pi} = \frac{1}{2\pi}\sqrt{\frac{k}{m}}} \tag{4.11}$$

で定義される．振動数 ν の単位は 1/s で，一般に**ヘルツ**（Hz）とよぶ．

定数係数をもつ微分方程式の一般的な解法

上で述べた直観的な解法は，単に三角関数が単振動の運動方程式（4.3）の解になっていることを示しただけであり，解を解析的に求めたわけではない．そこで，ここでは標準的な解法を述べることにする．

（4.3）は，ω^2 という定数係数だけの線形な微分方程式である．**線形**（＝1次）というのは，いまの場合，x について1次式（1次と0次（定数）を含む式）になっている，という意味である．このような線形微分方程式の解は，一般に指数関数 e^t を用いて解くことができる．

いま，単振動の運動方程式（4.3）の解の形を

$$x(t) = Ae^{\lambda t} \qquad (A, \lambda \text{ は 0 でない定数}) \tag{4.12}$$

とおいて，（4.3）を満足するように λ を決めよう．（4.12）を（4.3）に代入すれば

$$(\lambda^2 + \omega^2)\,Ae^{\lambda t} = 0 \tag{4.13}$$

となるが，常に $e^{\lambda t} \fallingdotseq 0$ のため，$\lambda^2 + \omega^2 = 0$ という関係が成り立たなければならない．つまり，$\lambda = \pm\, i\omega$ である（i は虚数単位で $i = \sqrt{-1}$）．

さて，c_1 を任意定数とした $x = c_1 e^{i\omega t}$ は単振動の運動方程式（4.3）を満足するが，別の任意定数 c_2 を用いた $x = c_2 e^{-i\omega t}$ も（4.3）の解である．そして，この2つを重ね合せて作った解

$$x(t) = c_1 e^{i\omega t} + c_2 e^{-i\omega t} \tag{4.14}$$

は，2つの任意定数を含む一般解を与える．（4.14）のように**解の重ね合せ**ができるのは，（4.3）が線形微分方程式のためである．

一般解（4.14）は，指数関数 $e^{i\theta}$ と三角関数 $\cos\theta$, $\sin\theta$ をつなぐ**オイラーの公式** $e^{\pm i\theta} = \cos\theta \pm i\sin\theta$（複号同順）を使えば

$$x(t) = (c_1 + c_2)\cos\omega t + i\,(c_1 - c_2)\sin\omega t \qquad (4.15)$$

となる．単振動の振幅 x は実数でなければならないから，c_1 と c_2 は複素数である．このとき，(4.15) は A と B を任意の実数定数として

$$x(t) = A\cos\omega t + B\sin\omega t \qquad (4.16)$$

と書くことができる（[問 4.1] を参照）．これは，先に直観的な解法で述べた解の形 (4.9) と同じものになっている．

[問 4.1]　(4.15) の振幅 x が実数であるという要請から (4.16) を導け．

[解]　c_1 と c_2 は複素数であるから $c_1 = \alpha + i\beta$ と $c_2 = \gamma + i\delta$ のように書くことができる．ここで，$\alpha, \beta, \gamma, \delta$ はすべて実数である．$c_1 + c_2 = (\alpha + \gamma) + i\,(\beta + \delta)$ は $\cos\omega t$（実数）の係数だから，同じく実数でなければならない．このため，虚数部は $\beta + \delta = 0$ である．また，$c_1 - c_2 = (\alpha - \gamma) + i\,(\beta - \delta)$ は $i\sin\omega t$（虚数）の係数であるから，積が実数になるためにはこの係数は虚数でなければならない．したがって，実数部は $\alpha - \gamma = 0$ である．以上より $\gamma = \alpha$，$\delta = -\beta$ であるから，$c_1 = \alpha + i\beta$，$c_2 = \alpha - i\beta$ となる．

複素数 $c_1 = \alpha + i\beta$ に対して，$\alpha - i\beta$ を c_1 の**共役複素数**とよび，c_1^* で表す．$c_2 = c_1^*$ より $c_1 + c_2 = 2\alpha$，$c_1 - c_2 = 2i\beta$ であるから，改めて $2\alpha = A$，$2\beta = -B$ とおけば (4.16) になる．

指数関数が解になる理由

ここで，なぜ指数関数が単振動の運動方程式 (4.3) の解になるのかを考えてみよう．(4.3) は，ある関数 x を時間で 2 回微分したもの（左辺）が，もとの関数 x に定数 $-\omega^2$ を掛けたもの（右辺）に等しいことを述べている．これは，微分しても関数の形（ここでは x である）が変わらないことを意味する．

実は，このような性質を指数関数はもっているのである．いま，任意の指数関数を ae^{bt}（a, b は任意定数）とおくと，これを t について何回微分しても e^{bt}（もとの関数）に比例するから，b を適当に選ぶことで単振動の解を作ることができる．また，オイラーの公式からわかるように三角関数は b を虚数にした指数関数から作られる関数であるから，三角関数が解になるのは当然の結果ともいえる．他方，2.2 節で使った $x(t) = at^n$ のようなベキ

関数は微分とともにベキが減少してもとの関数にはもどらないから，(4.3) の解にはなり得ないのである．

1 4.2 3 4 5

単振り子

振り子にはたらく力は一般に複雑であるが，振り子の振れが小さい場合はフックの法則に従う．このため，振り子は単振動を理解する上で重要な系である．

図 4.2 のように長さ l の軽い棒の一端を固定し，その他端に質量 m のおもりを付けて鉛直面内で振動させる．このような装置を**単振り子**という．鉛直面内を xy 平面とすれば，おもりの座標 (x, y) と l との間には $x^2 + y^2 = l^2$ という**拘束条件**（こうそく）がつく．このため，おもりの位置は 1 変数だけで決まる（例えば，y の値は $y = \pm\sqrt{l^2 - x^2}$ より x だけの値で決まる）ので，単振り子の運動は，自由度 1 の 1 次元運動である．

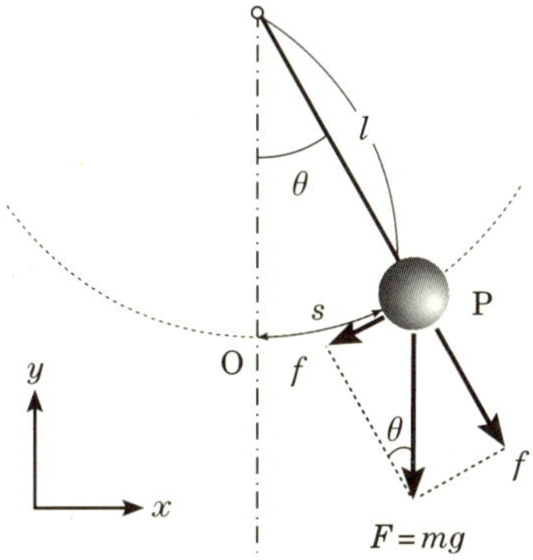

図 4.2 単振り子

そこで，いま円弧の長さ s を変数にとる．おもりの位置は最下点（原点 O で $s = 0$ とする）から円弧に沿って測った長さ s で決まり，最下点より右側を $s > 0$，左側を $s < 0$ であると決める．円弧に沿ったおもりの速度は ds/dt，加速度は d^2s/dt^2 であり，向きはそれらの正負で決まる．おもりにはたらく重力 $\boldsymbol{F}$ を円弧の接線方向の成分 $\boldsymbol{f}$（大きさ $f = mg\sin\theta$）と，棒の方向の成分 $\boldsymbol{f}'$（大きさ $f' = mg\cos\theta$）に分けると，接線成分 $\boldsymbol{f}$ だけが

おもりの速度を変化させる．この力は常に $|\theta|$ が減少する方向を向いていて，振り子を原点 O $(s=0)$ にもどそうとする力であるから復元力である．この復元力

$$f = -\,mg\sin\theta \tag{4.17}$$

に対して，運動方程式は

$$m\frac{d^2s}{dt^2} = -\,mg\sin\theta \tag{4.18}$$

となる．角度 θ は棒が鉛直方向となす角であるとともに，円弧 s と円の半径 l との比 $\theta = s/l$ で定義される量で，**ラジアン**（rad）とよばれる．したがって，$ds = l\,d\theta$ より，おもりの速度は $ds/dt = l\,d\theta/dt$，加速度は $d^2s/dt^2 = l\,d^2\theta/dt^2$ であるから，(4.18) は $ml\,d^2\theta/dt^2 = -\,mg\sin\theta$ となる．この両辺を m と l で割れば

$$\boxed{\frac{d^2\theta}{dt^2} = -\,\omega^2\sin\theta \qquad \left(\omega = \sqrt{\frac{g}{l}}\right)} \tag{4.19}$$

となる．この式が単振り子の自由振動を表す厳密な運動方程式である．

微小振動

振り子の振幅（振れの角 θ）がどのような値であっても，単振り子の運動は，運動方程式（4.19）によって完全に決まる．しかし，この方程式を解くには，楕円関数という特別な関数を必要とするので，ここでは θ が小さい場合，すなわち微小振動の場合だけに話を限定する．そうすると，$\sin\theta$ のテイラー展開

$$\sin\theta = \theta - \frac{\theta^3}{3!} + \frac{\theta^5}{5!} - \cdots = \theta\left(1 - \frac{\theta^2}{6} + \frac{\theta^4}{120} - \cdots\right) \tag{4.20}$$

において初項のみが支配的になるので，$\sin\theta \approx \theta$ とおいてよい（例えば，$\theta = 0.1$ rad とすれば $1 - \theta^2/6 = 1 - 1/600 \approx 1$ であるから，1 と比較して θ^2 の項は無視できる）．したがって，(4.19) は

$$\boxed{\frac{d^2\theta}{dt^2} = -\omega^2\theta \qquad \left(\omega = \sqrt{\frac{g}{l}}\right)} \tag{4.21}$$

となる.

この式は θ の1次の項だけを含む微分方程式だから，**線形微分方程式**である. 一方，運動方程式（4.19）は（4.20）からわかるように，θ の高次の項を含むことから**非線形微分方程式**とよばれている. 一般に非線形微分方程式を厳密に解くのは難しいので，ここで示したように θ の1次までの式で近似することが多い. このような近似を**線形近似**という. 物理的には，振り子の振れ角（振幅または変位）を小さくして振動させることに対応するが，振り子のエネルギーは振幅の2乗に比例することから（演習問題［4.4］を参照），考えている体系のエネルギーが小さいときに成立する近似ともいえる.

さて，単振り子の運動方程式（4.21）は（4.3）と同じ形であるから，解は（4.5）の形で与えられ，振動の周期 T は角振動数 ω を使って

$$T = \frac{2\pi}{\omega} = 2\pi\sqrt{\frac{l}{g}} \tag{4.22}$$

と表される.（4.22）は振幅 θ を含んでいないから，周期は最初の振幅の大きさには依存しない. これを振り子の**等時性**という. ただし，この等時性は微小振動の運動方程式（4.21）から導かれた結果であることを忘れてはならない.

なお，単振動の周期 T は正確に測定できるから，（4.22）を利用して，重力加速度 g を

$$g = \frac{4\pi^2 l}{T^2} \tag{4.23}$$

のように求めることができる. 自由落下の運動では，運動が速すぎて g を正確に測定することが難しいから，（4.23）は実用的であるとともに，面白い結果である（演習問題［4.2］を参照）.

［例題 4.1］ 振り子の長さが 1 m の単振り子の周期 T を求めよ. また，周期 T

が1秒の単振り子の長さ l を求めよ．

［**解**］ 単振り子の周期（4.22）に $g = 9.8\,\mathrm{m/s^2}$，$l = 1\,\mathrm{m}$を代入すれば $T = 2\,\mathrm{s}$である．なお，$\sqrt{g} \approx \pi$という覚えやすい近似の関係を用いれば，（4.22）は $T = 2\sqrt{l}$ と書けるので，同じく $l = 1\,\mathrm{m}$ で $T = 2\,\mathrm{s}$ と求まる．また，$T = 1\,\mathrm{s}$ のときの長さは $l = 1/4\,\mathrm{m}$ であることがわかる． ☜

［**例題 4.2**］ 単振り子の運動方程式（4.21）の振幅 θ と $\dot{\theta}$ で定義される速度 v を初期条件 θ_0, v_0 を使って表せ．ただし，θ の一般解として（4.9）を用いよ．

［**解**］ 単振動の運動方程式（4.3）の x を θ に変えれば（4.21）になるから，解（4.9）の積分定数 A と B は，$\theta(0) = A\cos 0 + B\sin 0 = \theta_0$ と $v(0) = \dot{\theta}(0) = -A\omega\sin 0 + B\omega\cos 0 = v_0$ より $A = \theta_0$，$B = v_0/\omega$ と決まる．したがって，振幅 θ と速度 v は，それぞれ

$$\theta(t) = \theta_0\cos\omega t + \frac{v_0}{\omega}\sin\omega t, \qquad v(t) = -\theta_0\omega\sin\omega t + v_0\cos\omega t \tag{4.24}$$

となる． ☜

解の軌道と相平面（そうへいめん）

具体的に単振り子の解（4.24）の振舞を見るために，固有振動数を $\omega = 2\pi$，初期条件を $\theta_0 = 1$，$v_0 = 0$ として計算した結果が図 4.3 である．実線が振幅 θ で，破線が速度 v である．

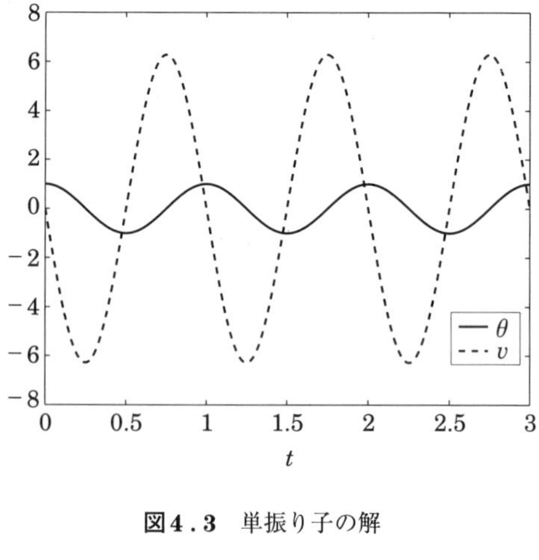

図 4.3 単振り子の解

同じ初期条件を用いて，（4.24）から時間 t を消去すると

$$\theta^2 + \frac{v^2}{(2\pi)^2} = 1 \tag{4.25}$$

という楕円の方程式になり，これがいま考えている単振り子の解の軌道を表している．つまり，図 4.4 のような（θ, v）平面で見れば単振り子の解は

(4.25) の楕円で表される閉軌道になる．この図 4.4 から単振り子の振幅 θ は $[-1, +1]$，速度 v は $[-2\pi, +2\pi]$ の間の有限区間にいつまでも閉じ込められることがわかる．

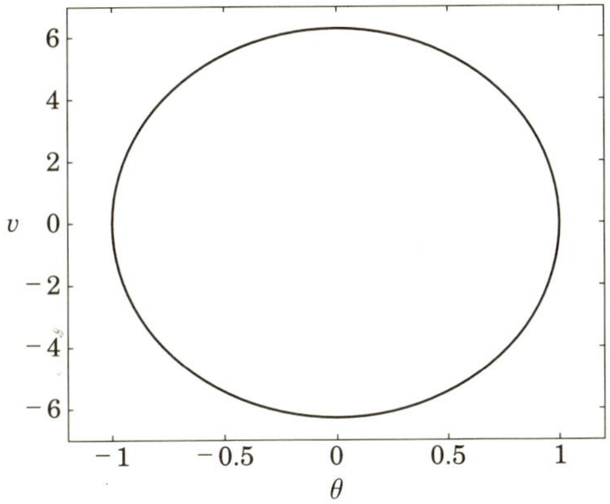

図4.4 単振り子の相平面と解の軌道

図 4.3 と図 4.4 は，実は，図 4.5 のような 3 変数 (θ, v, t) で作った 3 次元空間における解の振舞をある特定の方向から見たものである．つまり，この図 4.5 を v 軸方向から見れば (t, θ) の図，θ 軸方向から見れば (t, v) の図になる．また，t 軸方向から (θ, v) 平面上での振舞を見れば図 4.4 のように閉じた楕円軌道になる．

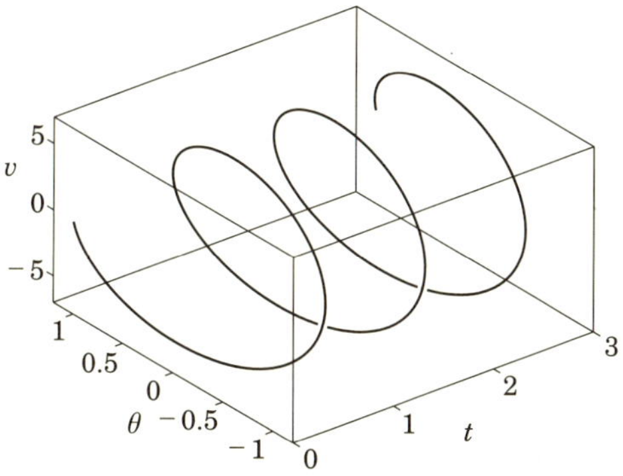

図4.5 単振り子の3次元軌道

2.2 節で質点の放物運動などの軌道を求めたが，その軌道は高さ y と水平距離 x から成る普通の (x, y) 平面の量であった．これに対して，いま考えている軌道は，図 4.4 のように振幅と速度を座標軸にとった平面に描いたものであり，普通の平面ではない．このような振幅（変位）と速度を座標軸にとった平面を**相空間**（より一般的には**位相空間**）とよび，これは力学現象を理解するために重要な概念である．

例えば，いま考えている単振り子は (θ, v) 相平面では楕円軌道で表せるという事実から，単振り子のもついろいろな性質や特徴をかなり直観的に理解することができるのである．さらに複雑な振動現象を考えていくときに，この相平面の重要性が認識できるだろう．

4.3 減衰振動

物理学の多くの問題には摩擦などの抵抗力が関係している．調和振動子に抵抗力がはたらくと振動は時間とともに減少して，ついには止まってしまう．ここでは，このような現象を解説する．

4.1節と同じように調和振動子の平衡点（原点O）からの変位を x（右向きを正）で表せば，その速度は dx/dt である．調和振動子の速度が小さい範囲では，抵抗力 f は速度に比例するので，比例定数を b として

$$f = -b\frac{dx}{dt} \qquad (b > 0) \tag{4.26}$$

で与えられる．ここで負符号をつけたのは，f は速度と反対向きにはたらくからである．つまり，$dx/dt > 0$（右向き）ならば $f < 0$（左向き）に，$dx/dt < 0$（左向き）ならば $f > 0$（右向き）である．

調和振動子にはたらく力は，フックの法則による復元力（4.1）と抵抗力（4.26）との合力であるから，運動方程式は

$$m\frac{d^2x}{dt^2} = -kx - 2m\gamma\frac{dx}{dt} \qquad (\gamma > 0) \tag{4.27}$$

となる．ここで，(4.26) の比例定数を $b = 2m\gamma$ と書きかえたのは，以下で述べる特性方程式という2次方程式を（4.30）の形にするためである．

まず，運動方程式（4.27）を m で割って

$$\frac{d^2x}{dt^2} = -\omega^2 x - 2\gamma\frac{dx}{dt} \qquad \left(\omega = \sqrt{\frac{k}{m}}\right) \tag{4.28}$$

と書く．解の形を（4.12）と同じように

$$x(t) = Ae^{\lambda t} \qquad (A, \lambda \text{ は } 0 \text{ でない定数}) \tag{4.29}$$

と仮定して（4.28）に代入すると，$(\lambda^2 + 2\gamma\lambda + \omega^2)Ae^{\lambda t} = (\lambda^2 + 2\gamma\lambda + \omega^2)x = 0$ を得る．したがって，（4.29）が $x = 0$（自明の解という）以外の解であるためには λ は

$$\lambda^2 + 2\gamma\lambda + \omega^2 = 0 \tag{4.30}$$

を満足する必要がある．この λ に関する 2 次方程式を**特性方程式**という．この特性方程式の解は，判別式 $D = \gamma^2 - \omega^2$ を用いて

$$\lambda_1 = -\gamma + \sqrt{D}, \qquad \lambda_2 = -\gamma - \sqrt{D} \tag{4.31}$$

のように与えられ，解の振舞は，これらの解が実数であるか複素数であるかに依存する．つまり，抵抗力の係数 γ とバネの固有角振動数 ω の大小関係によって解の性質は異なる．したがって，判別式 D が運動のパターンを決めるパラメータになる．以下に，そのそれぞれの場合における振舞を述べる（演習問題［4.5］を参照）．

（I） $D < 0$ の場合　　抵抗力が比較的小さい場合に対応する．この場合は $\omega > \gamma$ であるから，一般解は

$$\boxed{x(t) = Ae^{-\gamma t}\cos(\sqrt{\omega^2 - \gamma^2}\,t + \phi)} \tag{4.32}$$

の形で与えられる（[問 4.2]を参照）．この解は角振動数 $\omega' \equiv \sqrt{\omega^2 - \gamma^2}$ で振動しながら，振幅 $Ae^{-\gamma t}$ は時間とともに指数関数的に減少することを表す（A は初期振幅，ϕ は初期位相）．このような運動を**減衰振動**という．振幅の減少は γ によって決まるので，この γ を**減衰率**という．また，この γ のために角振動数 ω' は固有角振動数 ω より小さくなる．これは，抵抗力により運動が遅れるためである．

[問 4.2]　減衰振動の解（4.32）を導け．

[解]　$\omega > \gamma$ であるから $\sqrt{\gamma^2 - \omega^2} = i\omega'$ と書きかえて，$\omega' = \sqrt{\omega^2 - \gamma^2}$ を新たに定義すると $\lambda_1 = -\gamma + i\omega'$，$\lambda_2 = -\gamma - i\omega'$ である．したがって，運動方程式（4.28）の一般解は（4.14）で説明したように，複素数の任意定数 a_1 と a_2 を用いて

$$x(t) = a_1 e^{\lambda_1 t} + a_2 e^{\lambda_2 t} = e^{-\gamma t}\{(a_1 + a_2)\cos\omega' t + i(a_1 - a_2)\sin\omega' t\} \tag{4.33}$$

と表すことができる．最右辺の式を導くのにオイラーの公式を使った．[問 4.1] で説明したように，係数 a_1 と a_2 は共役複素数だから，a_1 を仮に $a_1 = (A/2)e^{i\phi}$ とおけば $a_2 = a_1{}^* = (A/2)e^{-i\phi}$ である（A, ϕ は実数）．よって，オイラーの公式から $a_1 + a_2 = A\cos\phi$，$a_1 - a_2 = iA\sin\phi$ であるから（4.32）を得る． ☜

（II） $D > 0$ の場合　　抵抗力が比較的大きい場合に対応する．この場合は $\gamma > \omega$ であるから，（4.31）の λ_1 と λ_2 はどちらも実数である．したがって，一般解は A_1，A_2 を任意定数（実数）として

$$\boxed{x(t) = A_1 e^{-\gamma t + \sqrt{\gamma^2 - \omega^2}\, t} + A_2 e^{-\gamma t - \sqrt{\gamma^2 - \omega^2}\, t}} \tag{4.34}$$

と表される．λ_1 と λ_2 はともに負の実数であるから，この解は振動せずに時間とともに減衰しながら $x = 0$ に近づく．このような運動を**非周期的減衰**（**過減衰**）という．

（III） $D = 0$ の場合　　抵抗力とフックの法則による復元力が等しい場合に対応する．この場合（$\gamma = \omega$）は（4.31）より $\lambda_1 = \lambda_2$ なので（4.33）や（4.34）のような方法では 2 つの任意定義をもつ一般解は作れない．実は，この場合には a と b を任意定数（実数）とした

$$\boxed{x(t) = (at + b)e^{-\gamma t}} \tag{4.35}$$

が一般解を与える（[問 4.3] を参照）．この解も振動しないが，過減衰よりも早く減衰する．これを**臨界減衰**という．

[問 4.3]　臨界減衰の解（4.35）を導け．

[解]　λ の解（4.31）より $\lambda_1 = \lambda_2 = -\gamma$（重根）だから，解は $x(t) =$（任意定数）$\times\ e^{-\gamma t}$ となって定数を 1 つしかもたないので，一般解とはなり得ない．そこで，別の形の解を探すために，（4.29）の係数 A を t の関数と考えて

$$x(t) = A(t)e^{-\gamma t} \tag{4.36}$$

とおいて解き直す（**定数変化法**）．これを運動方程式（4.28）に代入すれば，$d^2A/dt^2 = 0$ であるから，a と b を任意定数として $A(t) = at + b$ となる．これを（4.36）に代入すれば（4.35）が示せる． ☜

減衰振動の数値計算

(I), (II), (III) で求めた解の具体的な振舞を見るために，角振動数 $\omega = 2\pi$ として初期条件 $x(0) = 0.1$，$\dot{x}(0) = 0$ に対して減衰振動を計算した結果が図 4.6 である．実線は $\gamma = 0.1\omega$ の場合の (4.32)，破線は $\gamma = 2\omega$ の場合の (4.34) で振動せずに次第に減衰していることがわかる．点線は臨界減衰の (4.35) である．

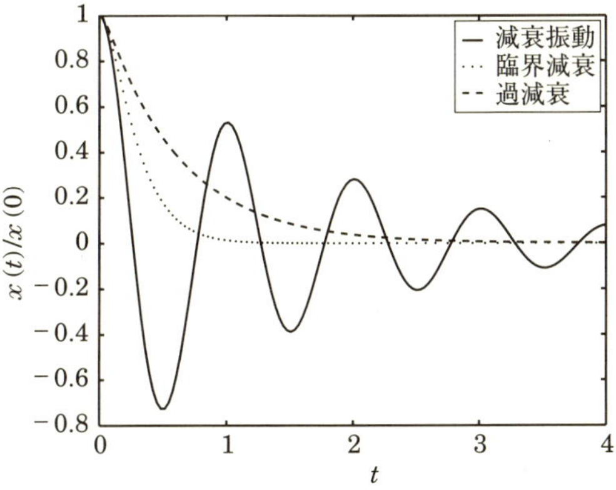

図 4.6 減衰振動の3つの解

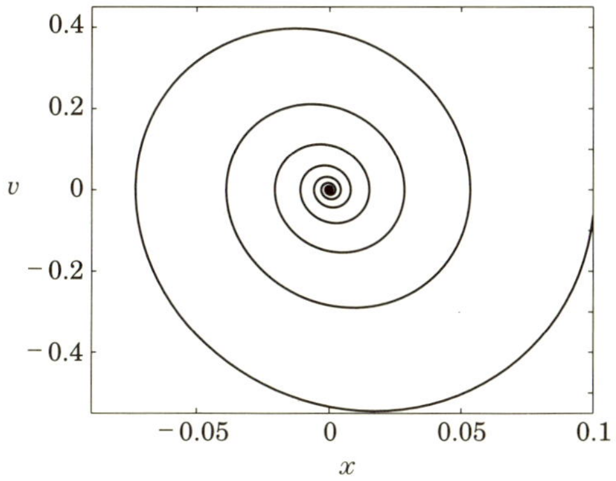

図 4.7 減衰振動の解 (4.32) の相平面

減衰振動の相平面図を (4.32) を例に図 4.7 に示すと，原点に吸い込まれるような軌道を描く．減衰のない単振り子の図 4.4 との違いに注意してほしい．また，3 次元空間における解の振舞も図 4.5 と異なって，図 4.8 のよう

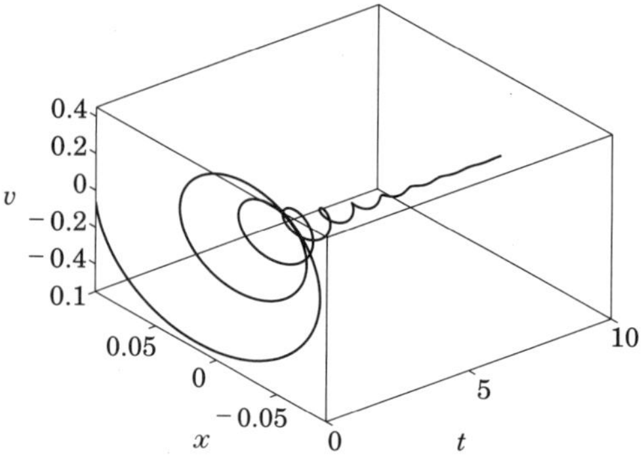

図 4.8 減衰振動の解（4.32）の3次元軌道

になる．

臨界減衰の身近な例

ドアの上部に取り付けられている**ドアチェック**という装置は，空気バネを利用して，開けたドアが自動的に静かに閉じる（$x \to 0$）ように工夫されたものである．これを実現させるためには，図 4.6 からわかるように，$x = 0$ にすみやかに近づく臨界減衰の解（4.35）を選べばよい．このため，ドアチェックの空気バネと空気管から成る系は，$\gamma = \omega$（抵抗力 = 復元力）であるように調整されている．

この調整が狂って $\omega > \gamma$ となると，減衰振動の（4.32）のために臨界減衰よりも早く $x = 0$ になるが，この場合はドアが壁の止め枠と衝突して大きな音を立ててしまう．反対に，過減衰の $\gamma > \omega$ となると，ドアはゆっくり動いて，閉じるまでに時間がかかる．ドアの開閉を何度も行っているうちに調子が悪くなるのは，壁などの衝撃力や装置内の摩擦などによって，最初の $\gamma = \omega$ という関係に狂いが生じてくるためである．

1 2 3 **4.4** 5

強制振動

4.3節で考えた減衰振動をしている物体に周期的な外力 $f_{\rm e}\cos\omega_{\rm e}t$（e は external（外部）の略）がはたらく場合を考えよう．減衰振動の式（4.27）に外力を加えた運動方程式

$$m\frac{d^2x}{dt^2} = -kx - 2m\gamma\frac{dx}{dt} + f_{\rm e}\cos\omega_{\rm e}t \qquad (4.37)$$

の両辺を m で割って次のように書こう．ここで $F_{\rm e} = f_{\rm e}/m$ とおいた．

$$\boxed{\frac{d^2x}{dt^2} = -\omega^2 x - 2\gamma\frac{dx}{dt} + F_{\rm e}\cos\omega_{\rm e}t \qquad \left(\omega = \sqrt{\frac{k}{m}}\right)} \qquad (4.38)$$

4.4.1　非同次方程式の解法

（4.38）は，これまでに取り扱った方程式とは異なり，右辺に $F_{\rm e}\cos\omega_{\rm e}t$ という x とは無関係な項（非同次項）を含んでいる．このような方程式を**非同次方程式**という．一方，非同次項を含まず x だけの項から成る方程式を**同次方程式**という．これは数学で習うことであるが，非同次方程式の一般解は同次方程式の一般解と非同次方程式の特解の和で与えられる．つまり，

$$\boxed{\text{非同次方程式の一般解} = \text{同次方程式の一般解} + \text{非同次方程式の特解}} \qquad (4.39)$$

となる．**特解**（特殊解）とは，不定の積分定数を含まないで，とにかく何でもよいからもとの非同次方程式を満足する解のことである．$\omega > \gamma$ の場合に，この考え方で（4.38）を解けば

$$\boxed{x(t) = Ae^{-\gamma t}\cos(\sqrt{\omega^2 - \gamma^2}\,t + \phi) + \frac{F_{\rm e}}{\sqrt{(\omega^2 - {\omega_{\rm e}}^2)^2 + (2\gamma\omega_{\rm e})^2}}\cos(\omega_{\rm e}t - \phi_1)} \qquad (4.40)$$

となる．ここで右辺の第1項目は減衰振動，第2項目は外力と同じ振動数 ω_e をもつ振動である．この第2項目は振幅が外力 F_e に比例しているから，**強制振動**とよばれる．この強制振動は，外力の位相に比べて ϕ_1 だけ遅れている（**位相遅れ**という）．この位相は次式で与えられる（［問 4.4］を参照）．

$$\tan\phi_1 = \frac{2\gamma\omega_e}{\omega^2 - {\omega_e}^2} \tag{4.41}$$

［問 4.4］ 強制振動の解（4.40）を導け．

［解］ 運動方程式（4.38）の同次方程式，つまり減衰振動の式（4.28）の一般解は減衰する解であるから，ω と γ の大小関係によらず時間が経てばゼロになってしまう．ここでは，一般解として $\omega > \gamma$ の場合の（4.32）を採用している．

特解はどんな方法でもよいから，とにかく（4.38）を満足する解を1つ見つければよい．物理的に考えて，この振動系は十分に時間が経てば，外力の振動数 ω_e で揺れるだろうと予想できる．そこで特解として

$$x(t) = a\cos(\omega_e t - \phi_1) \tag{4.42}$$

と仮定する．ここで a は振幅，ϕ_1 は外力と振幅 x との間の位相差を表す量である．つまり，外力を受けた系は瞬時に外力と同期して揺れるわけではなく，一定の時間的遅れがあることを反映した量が ϕ_1 である．（4.42）を運動方程式（4.38）に代入して，$\cos\omega_e t$ と $\sin\omega_e t$ で整理すると $\{(\omega^2 - {\omega_e}^2)\,a\cos\phi_1 + 2\gamma\omega_e a\sin\phi_1 - F_e\}\cos\omega_e t + \{(\omega^2 - {\omega_e}^2)\,a\sin\phi_1 - 2\gamma\omega_e a\cos\phi_1\}\sin\omega_e t = 0$ となる．これを満足させるためには，$\cos\omega_e t$ と $\sin\omega_e t$ にかかるカッコの中がそれぞれゼロであればよいから $(\omega^2 - {\omega_e}^2)\,a\cos\phi_1 + 2\gamma\omega_e a\sin\phi_1 = F_e$, $(\omega^2 - {\omega_e}^2)\,a\sin\phi_1 - 2\gamma\omega_e a\cos\phi_1 = 0$ である．これらから $(\omega^2 - {\omega_e}^2)\,a = F_e\cos\phi_1$ と $2\gamma\omega_e a = F_e\sin\phi_1$ を得るので，位相 ϕ_1 は $\tan\phi_1 = 2\gamma\omega_e/(\omega^2 - {\omega_e}^2)$ となり，振幅 a は

$$a = \frac{F_e}{\sqrt{(\omega^2 - {\omega_e}^2)^2 + (2\gamma\omega_e)^2}} \tag{4.43}$$

となる．

この a を代入した（4.42）と同次方程式の一般解（4.32）の和をとれば非同次方程式の一般解（4.40）となる． ☜

4.4.2 共 振

強制振動をしている系において十分に時間が経つと，（4.40）で減衰振動を示す部分はゼロになってしまうから，強制振動を表す特解（4.42）だけが定常的な単振動として残る．振幅 a は分母に $\omega^2 - {\omega_e}^2$ の因子を含むから，

$\omega_e \approx \omega$ のとき，振幅は非常に大きくなる．このように，系の固有角振動数 ω に近い角振動数の外力を加えていくと振幅が増大していく現象を**共振**または**共鳴**とよんでいる．

角振動数と位相との関係は位相の式（4.41）から，(a) $\omega_e \ll \omega$ のとき $\tan\phi_1 \approx 0$ より $\phi_1 \approx 0$，(b) $\omega_e \approx \omega$ のとき $\tan\phi_1 \approx \infty$ より $\phi_1 \approx \pi/2$，(c) $\omega_e \gg \omega$ のとき $\tan\phi_1 \approx 0$（負の方からゼロに近づく）より $\phi_1 \approx \pi$ であることがわかる．これらからわかることは，$\omega_e < \omega$ の場合，外力はゆっくり変化するから物体は外力とほぼ同位相で振動する（$\phi_1 = 0$ のとき**同相**という）．しかし，$\omega_e \to \omega$ とともに位相は遅れて，$\omega_e \gg \omega$ では位相遅れが π（**逆相**）になり，物体は外力に対して逆方向に振動することになる．この現象は，次に述べるような実験で容易に確かめられる．

強制振動の実験

図 4.9 のような単振り子の上端 P を手で握って，左右に振って単振動させることを考えよう．まず，上端 P を動かさずにおもりだけを振動させているときの固有角振動数を ω とする．次に，上端 P を左右に振る．手の往復運動の角振動数 ω_e を徐々に大きくしていくと，おもりの振幅も図 4.9(a)のように，徐々に大きくなっていく．

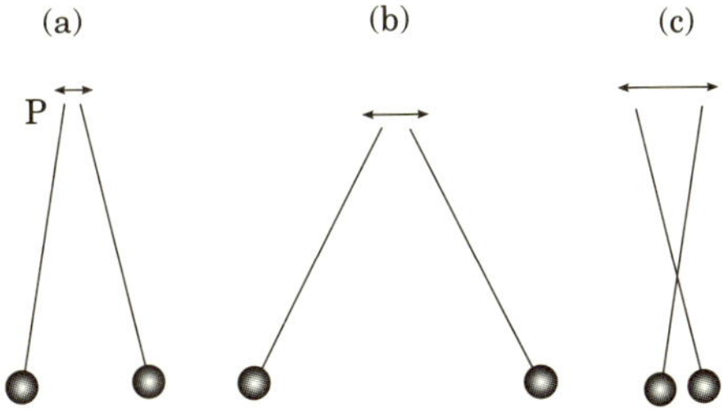

図 4.9 共振

手の往復運動の ω_e が単振り子の固有角振動数 ω に近づくと，図 4.9(b)のように，振幅は最大になる．このとき，おもりの振動は外力と共振している．ω_e をさらに大きくしていくと，図 4.9(c)のように，おもりは手の動きとは逆向きに動くようになって，おもりの振幅は小さくなっていく．これらは簡単な実験だから，各自で試してみたらよいだろう．

共振の数値計算

共振の起こり方を実際に見るために，$\omega_e = \omega$ の場合の解 (4.40) を，$F_e = 1$，$\omega = 2\pi$，$\gamma = 0.1$ とおいて，初期条件 $x(0) = 0$，$\dot{x}(0) = 0$ に対して計算した結果が図 4.10(a)である．この例では，振幅 a の大きさは (4.43) より約 0.8 であるが，図からわかるように，振幅 x は 0 から出発して単調に増大し，$a \approx 0.8$ まで達する．

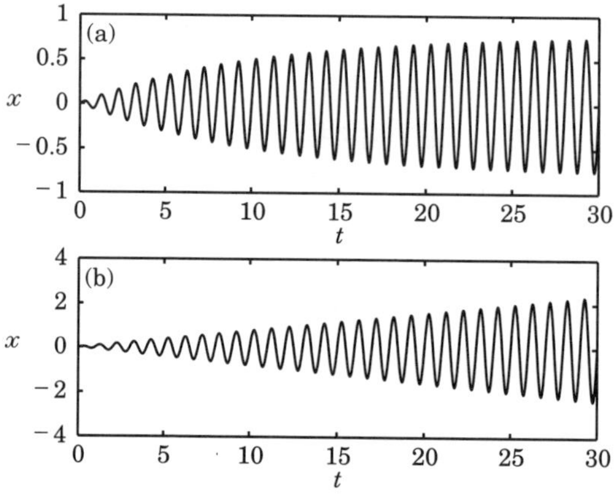

図 4.10　共振．(a) 抵抗力がある場合，(b) 抵抗力がない場合．

ここで，強制振動の運動方程式 (4.38) において，抵抗力が存在しない場合に共振はどのようになるかを考えよう．(4.40) で $\gamma = 0$ とおいた解 x は，$\omega_e = \omega$ のとき，強制振動の項の分母がゼロになるために発散して正しい振舞を与えない．実は，この場合の一般解は

$$\boxed{x(t) = A' \sin(\omega t + \phi') + \frac{F_e}{2\omega} t \sin \omega t} \qquad (4.44)$$

の形で与えられる（なお，A' と ϕ' の具体的な形は演習問題 [4.6] を参照）．つまり，振幅は時間 t に比例して単調に増大していくのである．図 4.10(b)は，図 4.10(a)と同じ条件のもとで (4.44) を計算した結果である．

共振現象の身近な例

日常生活の中で，いろいろな共振現象を見かける．例えば，水を入れたコップをお盆にのせて，こぼれないように静かに運ぼうとするとき，歩くテンポがコップの水の固有角振動数と共振すれば，水は大きく揺れてこぼれてしまう．また，風の強い日に木の枝や電線からヒューヒューと笛のような音がしたり，部屋に吹き込む風で窓のブラインドが鳴ったりするのも，それらにぶつかった風が周期的に作る渦の発生する角振動数と枝，電線，ブラインドなどの固有角振動数が一致して共振したからである．これらは，**もがり笛**という言葉でもよばれている現象である．窓辺などにおいて情緒豊かな音色を楽しむ**エオリアン・ハープ**という楽器は，この現象を利用したものである．

風による共振のすさまじい効果は，1940 年にアメリカのワシントン州で起きた，完成直後の**タコマ橋の崩壊**に見ることができる．この橋は，比較的弱い風と共振して振動を始め，数時間振幅が増大した後で崩壊してしまった．このことをきっかけにして，つり橋や高層建築物を耐震構造にするために，これらの固有振動の周期が風や地震の周期と一致しないように設計されるようになった．

1 2 3 4 4.5 カオスと非線形振動

これまでの節でフックの法則 (4.1) に従う現象をもとにして，さまざまな振動をみてきた．ここで，フックの法則とは何かをもう一度考えてみよう．この法則は，バネの復元力がバネの変位（伸びや縮み）x に比例するという法則であるが，実際にバネを引き伸ばすとわかるように，伸びが大きくなりすぎると復元力の強さに変化が生じる．バネの材質にもよるが，フックの法則よりも より強い力で縮もうとするバネもあれば，途中から突然 復元力が弱くなり，最悪の場合は伸びきってもとにもどらなくなる場合も起こる．

このように，フックの法則は大きな変位に対しては成立しない．では，実際のバネを記述するためにはフックの法則をどのように変更すればよいだろうか．1つの考え方は，変位 x が大きくなるとバネ定数 k が定数 k ではなく，x に依存する変数 $k(x)$ になり，定数項に x^n のようなベキ項が付け加わると考えることである．$k(x)$ の値は，x の符号で変わらないと仮定すれば，ベキ指数 n は偶数である．そこで

$$\boxed{k \quad \to \quad k(x) = a + bx^2} \tag{4.45}$$

という形に修正して，復元力 F を

$$F = -\,ax - bx^3 \tag{4.46}$$

と書きかえる．ここで a, b は任意定数である．したがって，強制振動の運動方程式（4.37）の復元力を（4.46）でおきかえ，さらに m で割れば

$$\boxed{\frac{d^2x}{dt^2} = -\,\alpha x - \beta x^3 - 2\gamma\frac{dx}{dt} + F_{\mathrm{e}}\cos\omega_{\mathrm{e}}t} \tag{4.47}$$

となる．ここで，$\alpha = a/m$，$\beta = b/m$，$F_{\mathrm{e}} = f_{\mathrm{e}}/m$ とおいた．この式は x の3次の項を含むので，非線形微分方程式である．

したがって，バネだけでなく弦や棒状の物体の実際の振動を考えるときには，非線形的な効果をとり入れる必要があり，いろいろな方程式が研究されている．特に，運動方程式（4.47）は系が周期的な外力を受けている場合の方程式で**ダッフィング方程式**とよばれ，いろいろな分野で広く研究されている．非線形の強さを表すパラメータ β の値が非常に小さければ，（4.47）は基本的に線形な場合と同じ振舞をする．しかし，β が大きくなると，ほかのパラメータ γ，$F_{\mathrm{e}}, \omega_{\mathrm{e}}$ の値によっては乱雑で不規則なカオスとよばれる運動が現れることが知られている．

カオスの数値計算

ダッフィング方程式（4.47）は非線形なので，解析的には解けない．このため，解の振舞を知るためには数値計算が必要である．いま，簡単のために

$\alpha = 0$ として，他のパラメータを $\beta = 1$，$2\gamma = 0.05$，$\omega_e = 1$，$F_e = 7.5$ とおいて数値計算してみよう．初期条件を $x(0) = 3$，$v(0) = \dot{x}(0) = 4$ として得た結果が図 4.11 である．振幅の時間変化は不規則的で，周期性があるようにはみえない．

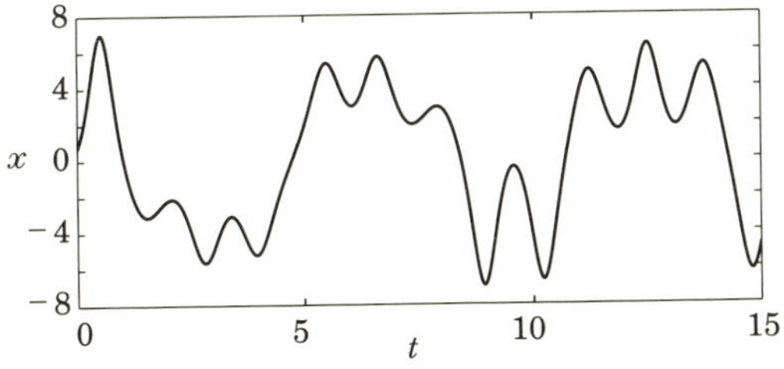

図 4.11　ダッフィング方程式 (4.47) のカオス解

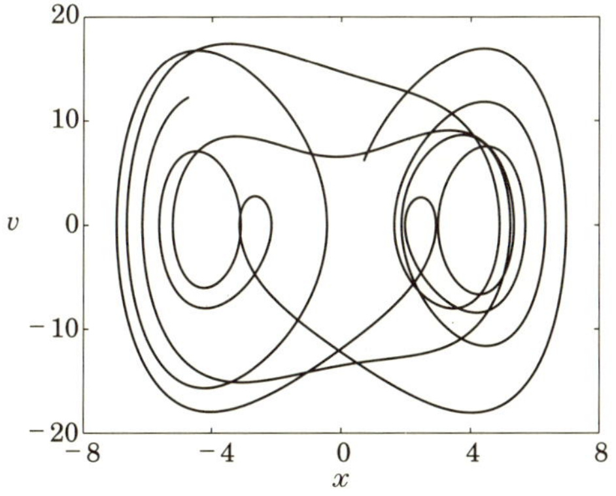

図 4.12　相平面における ダッフィング方程式 (4.47) のカオス軌道

図 4.12 は上の場合の諸条件における相平面の軌道（軌跡）を示している．軌道が交差しているように見えるが，微分方程式の解の一意性から実際には交差しない．図 4.13 のように時間軸を入れて描くと，軌道は交わることなく空間を動いていることが理解できると思う．図 4.13 で (t, x) の振舞を見たものが図 4.11，(x, v) の振舞を見たものが図 4.12 である．図 4.11 〜 図 4.13 で想像できるように，この軌道には何らの周期性もなく，かなり乱雑で不規則な運動のように見える．また初期値を変えると，この軌道の振舞は

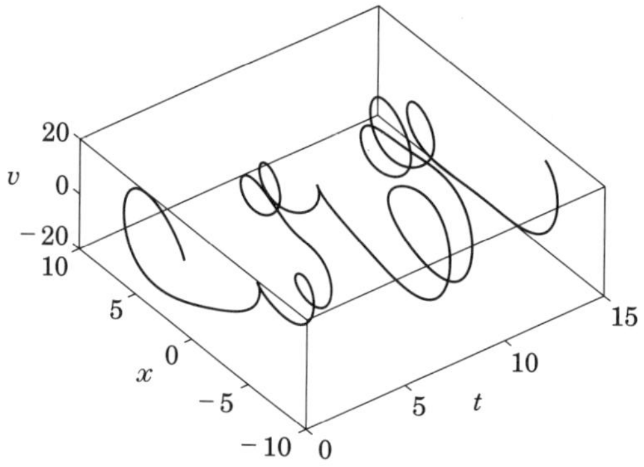

図4.13　3次元空間でのダッフィング方程式(4.47)のカオス軌道

大きく変わる．このような不規則的に見える運動を**カオス**という．

さまざまなカオス現象

ダッフィング方程式(4.47)のような運動方程式(非線形微分方程式)は，式の中に確率的な要素を何も含んでいないから，初期条件を与えればその後の解の振舞は完全に決まる．これを**決定論的な因果律**という．このような因果律に従う運動方程式であるにもかかわらず，その解に不規則でランダムな振舞が現れる不思議な現象がカオスなのである．カオスが生じると，対象としている系の運動は非常に不安定になるために，たとえ初期条件がわかっていても，将来の軌道の予測ができなくなる．

このカオスを発見したのは，19世紀の末に天体の3体問題を研究していたフランスの科学者アンリ・ポアンカレ(1854−1912)である．ポアンカレは太陽系の惑星の運動にもカオスが存在することに気づき，それによって太陽系も力学的に不安定であることを示した．1960年代の初めに気象学の分野でローレンツが再びこのカオスを発見して以来，カオスの研究は急速に発展し，非線形動力学とカオス理論は物理学の主流の一つになった．

カオスの特徴は，端的にいえば，非線形微分方程式の解が初期条件に敏感に依存することである．初期値がわずか(誤差の程度)に異なる2つの解が，時間とともにどのように振舞うかを計算したとしよう．一般には，どんなに時間が経っても，2つの解が誤差程度しか離れなければ，初期値に誤差があっても解の予測はつくことになる．しかし，カオスが存在すると2つの解は時間とともに指数関数的に離れていく．このため，ある初期値から得られた解の長時間に渡る振舞がわかっていても，その初期値からほんのわずか異なる別の初期値で計算した別の解の振舞に関しては全く予測できないことになる．初期値のほんのわずかな差が時間とともに拡大して，結果を大きく変えてしまう，このようなカオスの性質を**バタフライ効果**という．この変わった名前は，ある場所で羽ばたいた蝶による空気の動きが，めぐりめぐって思いがけない遠方で大暴風を巻き起こすというたとえに由来する．現実の世界では原理的に避けることができない測定誤差が存在するから，初期値の敏感性によって生じるカオス現象は，自然界にかなり普遍的に存在していることが予想される．

実際，多くの非線形な系においてカオスが見つかっている．流体の乱流，天気，人体の脈拍，水道の蛇口からしたたり落ちる水滴の周期などたくさんある．また，雲や海岸線，樹木，自然の景観の不規則的な形は，その一部分を拡大すると全体の形に似ており，いわゆる**自己相似性**という性質をもつ．このような図形を**フラクタル**というが，このフラクタルもカオスと密接に結びついた現象であり，エネルギーが保存しない散逸系におけるカオスの発生機構と深く関係している．

現在では，カオスはミクロな量子の世界から私たちの人体の内部，そして宇宙の時空構造に至るまで，自然界のあらゆる階層に存在することが知られている．カオスは，19世紀から20世紀にかけて確立した2つの自然観，ニュートンの力学的自然観とミクロな世界に対する確率的自然観を統合する新しい自然観を生み出しているのである．

演 習 問 題

［**4.1**］ 水平で滑らかな台の上に一端を固定したバネがある．もう一方の端に質量 $m = 5\,\mathrm{kg}$ の物体を付ける．平衡の位置から $0.1\,\mathrm{m}$ だけ横に引っ張って手を離し

た．バネ定数を $k = 100\,\mathrm{N/m}$ とする．

（1） バネの最初のポテンシャルエネルギー U はいくらか．

（2） 物体の最大速度 V はいくらか．

[**4.2**] 月の表面での重力加速度は，地球上での 1/6 である．地上で周期 T の単振り子を月の表面で振らせると，月での周期 T_{m} は T の何倍であるか．

[**4.3**] 単振動の解 $x(t) = A\sin(\omega t + \phi)$ において，初期条件（1） $x(0) = x_0, \dot{x}(0) = 0$，（2） $x(0) = 0, \dot{x}(0) = v_0$，（3） $x(0) = x_0, \dot{x}(0) = v_0$ を満たす解を求めよ．

[**4.4**] 単振動の解 $x = A\sin(\omega t + \theta_0)$ に対して，ポテンシャルエネルギー $U = kx^2/2$ と運動エネルギー $K = mv^2/2$ のそれぞれの時間平均（1 周期 $T = 2\pi/\omega$ にわたる平均）$\bar{U}$ と $\bar{K}$ を求めよ．そして，それらがともに力学的エネルギー E の半分，$\bar{U} = \bar{K} = E/2$ であることを示せ．ただし，$k/m = \omega^2$ である．

[**4.5**] 減衰振動の式（4.28）を変換 $x = ye^{-\gamma t}$ を用いて y の方程式に書きかえよ．また，これを解いて，減衰振動，臨界減衰，過減衰の解を求めよ．

[**4.6**] 強制振動の方程式（4.38）で抵抗力を消した $(\gamma = 0)$ 式を考える．このとき，共振状態 $(\omega_{\mathrm{e}} = \omega)$ における特解を $x = u(t)\cos(\omega t - \alpha)$ とおいて，一般解（4.44）を導け．

[**4.7**] 強制振動の一般解（4.40）で $\gamma = 0, \phi_1 = 0$ とおいて初期条件 $x(0) = 0$, $\dot{x}(0) = 0$ を満足するように A と ϕ を決めて特解を求めよ．

いま，外力の振動数 ω_{e} が系の固有振動数 ω とわずかに異なり $\omega_{\mathrm{e}} = \omega \pm \varepsilon$ のような関係にある．$\omega \gg \varepsilon$ であれば，この特解は $x = -[2F_{\mathrm{e}}/(\omega^2 - \omega_{\mathrm{e}}^2)]\sin(\pm\varepsilon t/2)\sin\omega t$ となることを示せ．（この特解は，振動数 ω の速い振動と，振動数 $\varepsilon/2$ のゆっくりした振動の積の形である．ゆっくりした振動の周期 $2\pi/\varepsilon$ と，速い周期 $2\pi/\omega$ とが共存する振動である．このような振舞が**うなり**である．）

第5章 中心力を受ける質点の運動

本章のねらい

① ベクトル積を使った力のモーメントを理解する．
② 2次元極座標表示による運動方程式を理解する．
③ 中心力と角運動量保存則を理解する．
④ ケプラーの法則が力学の構築に果たした役割を理解する．

5.1 回転運動を特徴づける量

2 3

固定点の周りでの物体の回転運動を考えるときは，この運動を特徴づける量として，力のモーメントや角運動量という物理量が必要になる．具体的な例で力のモーメントを考えてから，その一般的な定義を導入しよう．

5.1.1 力のモーメント

いま，重いドアを手で押して開けるとしよう．このときに，図5.1のようにドアの回転軸Oから遠い位置aを押す方が，回転軸に近い位置bを押すときよりも小さな力ですむ．また，ドアを垂直

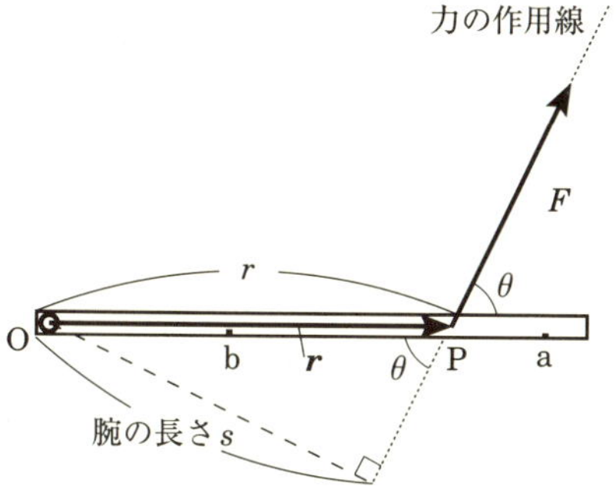

図5.1 力のモーメント

に押す方が斜めに押すときよりも小さな力ですむ．これらのことは，日常的に経験していることだろう．

一般に，物体に力を加えると，その力には物体を固定点（回転軸）の周りに回転させる能力がある．この能力のことを**力のモーメント**または**トルク**という．回転軸Oからrの点Pを力$\boldsymbol{F}$で押すとき，回転軸Oの周りの力のモーメントの大きさNは，力の大きさFと回転軸Oから**力の作用線**（力のはたらく方向を示す直線）に下ろした垂線の長さ（腕の長さ）s（$= r\sin\theta$）との積で表され，

$$\boxed{N = sF = rF\sin\theta} \tag{5.1}$$

である．ここで，θは回転軸Oから**力の作用点**（物体上で力が作用する点）Pに引いた位置ベクトル$\boldsymbol{r}$と力$\boldsymbol{F}$のなす角である．

ベクトル積

力のモーメントを扱うには，**ベクトル積**（**外積**(がいせき)）を導入すると便利である．ベクトル積とは，2つのベクトル$\boldsymbol{A}$と$\boldsymbol{B}$を用いて

$$\boldsymbol{C} = \boldsymbol{A} \times \boldsymbol{B}, \qquad C = |\boldsymbol{C}| = AB\sin\theta \tag{5.2}$$

で定義されるベクトル$\boldsymbol{C}$のことである．ここでCはベクトル$\boldsymbol{C}$の大きさ，θは2つのベクトル$\boldsymbol{A}$と$\boldsymbol{B}$のなす角である($0^\circ \leqq \theta \leqq 180^\circ$)．なお，$\boldsymbol{A} \times \boldsymbol{B}$は$A$クロス$B$と読む．

ベクトル$\boldsymbol{C}$の向きは，図5.2に示すように$\boldsymbol{A}$と$\boldsymbol{B}$が作る平面に垂直な方向で，$\boldsymbol{A}$から$\boldsymbol{B}$へ右ネジを回したときにネジの進む向きと決める．このような決め方を**右ネジの規則**という．ベクトル積の大きさC

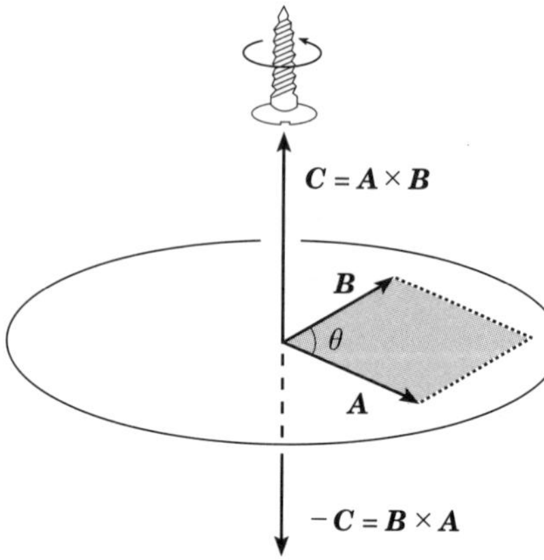

図5.2　ベクトル積

は，ベクトル $\boldsymbol{A}$ と $\boldsymbol{B}$ を 2 辺とする平行四辺形の面積に等しい．(5.2) からわかるように，同じベクトルの場合はなす角 $\theta = 0$ だから

$$\boldsymbol{A} \times \boldsymbol{A} = \boldsymbol{0} \tag{5.3}$$

となる．同じベクトルでなくても，$\boldsymbol{A}$ と $\boldsymbol{B}$ が平行であればベクトル積はゼロである．(このときも，$\theta = 0$ より平行四辺形の面積はゼロであるから当然の結果である．)

図 5.3 のように空間のある固定点 O を基準にして，物体にはたらく力 $\boldsymbol{F}$ の作用点 P に引いた位置ベクトルを $\boldsymbol{r}$ とする．このとき，固定点 O の周りの力のモーメントの大きさは，$\boldsymbol{r}$ と $\boldsymbol{F}$ のベクトル積

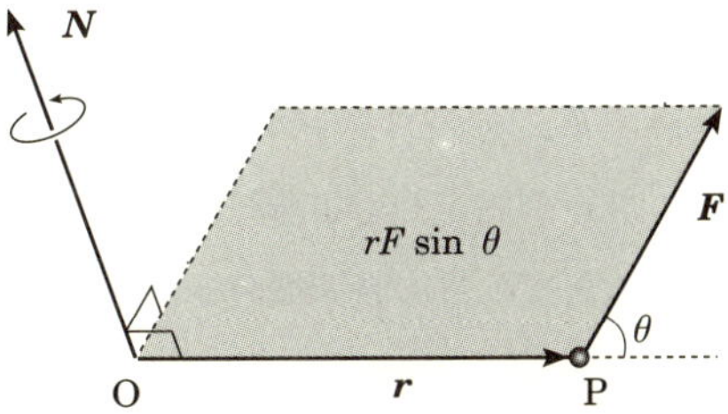

図 5.3　力のモーメント

$$\boxed{\boldsymbol{N} = \boldsymbol{r} \times \boldsymbol{F}, \qquad N = |\boldsymbol{N}| = rF\sin\theta} \tag{5.4}$$

の大きさ N と一致する．このベクトル $\boldsymbol{N}$ を力のモーメントとよぶ．図 5.3 のベクトル $\boldsymbol{F}$ の起点を原点 O にもってくるか，あるいは，ベクトル $\boldsymbol{r}$ の起点を点 P にもっていけば，図 5.2 と同じ形になることがわかるだろう．

3 次元直交座標では $\boldsymbol{r}$ と $\boldsymbol{F}$ の各成分を (x, y, z)，(F_x, F_y, F_z) としたときに $\boldsymbol{r} = x\,\boldsymbol{i} + y\,\boldsymbol{j} + z\,\boldsymbol{k}$，$\boldsymbol{F} = F_x\,\boldsymbol{i} + F_y\,\boldsymbol{j} + F_z\,\boldsymbol{k}$ と表せるから，力のモーメント $\boldsymbol{N}$ はベクトル積に関する分配則と単位ベクトルの性質（付録 A.1 を参照）から $\boldsymbol{r} \times \boldsymbol{F} = (yF_z - zF_y)\,\boldsymbol{i} + (zF_x - xF_z)\,\boldsymbol{j} + (xF_y - yF_x)\,\boldsymbol{k}$ となる．$\boldsymbol{N}$ の成分を (N_x, N_y, N_z) とした $\boldsymbol{N} = N_x\,\boldsymbol{i} + N_y\,\boldsymbol{j} + N_z\,\boldsymbol{k}$ と比較すれば

$$N_x = yF_z - zF_y, \qquad N_y = zF_x - xF_z, \qquad N_z = xF_y - yF_x \tag{5.5}$$

であることがわかる．

5.1.2 角運動量と回転の運動方程式

力のモーメント（5.4）の力は，運動方程式 $\boldsymbol{F} = d\boldsymbol{p}/dt\ (\boldsymbol{p} = m\boldsymbol{v})$ を用いて

$$\boldsymbol{N} = \boldsymbol{r} \times \frac{d\boldsymbol{p}}{dt} \tag{5.6}$$

と書くことができる．ここで運動量 $\boldsymbol{p}$ のモーメントに相当する**角運動量**を

$$\boxed{\boldsymbol{l} = \boldsymbol{r} \times \boldsymbol{p}} \tag{5.7}$$

で定義する．このベクトル $\boldsymbol{l}$ は，図 5.3 で $\boldsymbol{F}, \boldsymbol{N}$ を $\boldsymbol{p}, \boldsymbol{l}$ に変えただけであるが，質点が固定点 O の周りで回転運動をするときに現れる重要な量である．この角運動量の時間微分を計算すると

$$\frac{d(\boldsymbol{r} \times \boldsymbol{p})}{dt} = \frac{d\boldsymbol{r}}{dt} \times \boldsymbol{p} + \boldsymbol{r} \times \frac{d\boldsymbol{p}}{dt} = \boldsymbol{v} \times m\boldsymbol{v} + \boldsymbol{r} \times \frac{d\boldsymbol{p}}{dt} = \boldsymbol{r} \times \frac{d\boldsymbol{p}}{dt} \tag{5.8}$$

であるから（$\boldsymbol{v} \times m\boldsymbol{v} = m\,(\boldsymbol{v} \times \boldsymbol{v}) = \boldsymbol{0}$ に注意），（5.6）を用いて

$$\boxed{\frac{d\boldsymbol{l}}{dt} = \boldsymbol{N} = \boldsymbol{r} \times \boldsymbol{F}} \tag{5.9}$$

という関係式を得る．

力のモーメントは，回転運動のもととなる ねじる力を与える．（5.9）は，ある定点を中心にして力のモーメント $\boldsymbol{N}$ によって回転している質点は，加えられた $\boldsymbol{N}$ に応じて角運動量 $\boldsymbol{l}$ が変化することを示している．これは，力 $\boldsymbol{F}$ を受けて空間を運動している質点の運動量 $\boldsymbol{p}$ は変化するという関係を表すニュートンの運動方程式 $d\boldsymbol{p}/dt = \boldsymbol{F}$ に対応している．つまり，（5.9）は回転運動を表す運動方程式である．回転運動は，大きさをもった物体の運動，つまり質点系の運動を考えるときに重要になる．このとき，（5.9）が基本的な運動方程式として活躍する．

なお，$\boldsymbol{l}$ と $\boldsymbol{p}$ の各成分を (l_x, l_y, l_z)，(p_x, p_y, p_z) として（5.7）を直交座標成分で書けば

$$l_x = yp_z - zp_y, \qquad l_y = zp_x - xp_z, \qquad l_z = xp_y - yp_x \tag{5.10}$$

となる．

5.2 中心力と2次元極座標系

中心力を受けて運動する3次元空間の物体は，角運動量が保存するために，運動が2次元平面内に限定されるという著しい性質をもつ．このため，中心力を受ける物体の運動をうまく解くには，2次元極座標表示の運動方程式を用いるのが有効である．

5.2.1　中心力と角運動量保存則

中心力とは，質点にはたらく力の作用線が常にある定点O（これを**力の中心**という）を通り，力の大きさが質点と定点Oとの距離（動径の長さ）だけで決まる力のことである．中心力を $\boldsymbol{F}$，定点Oを原点とした質点の位置ベクトルを $\boldsymbol{r}$ とすれば，中心力 $\boldsymbol{F}$ は r だけに依存する適当な関数 $f(r)$ を用いて

$$\boxed{\boldsymbol{F} = f(r)\frac{\boldsymbol{r}}{r}} \tag{5.11}$$

と表される．ここで，$\boldsymbol{r}/r$ は $\boldsymbol{r}$ 方向の単位ベクトル（大きさ $= |\boldsymbol{r}/r| = r/r = 1$）を表している．$f(r) < 0$ ならば引力，$f(r) > 0$ ならば斥力である．例えば，太陽が惑星を引きつける万有引力や，水素原子において正電荷の陽子が負電荷の電子を引きよせる電気力などは，いずれも中心力である．

(5.11) を (5.9) に代入すると

$$\frac{d\boldsymbol{l}}{dt} = \boldsymbol{r} \times f(r)\frac{\boldsymbol{r}}{r} = \frac{f(r)}{r}(\boldsymbol{r} \times \boldsymbol{r}) = 0 \tag{5.12}$$

となり，中心力においては角運動量 $\boldsymbol{l}$ は時間によらない定数，つまり，角運動量 $\boldsymbol{l}$ は常に一定ということがわかる．一般に，物理量が時間によらず

常に一定となることを**保存する**というので，これを**角運動量保存則**という．

ベクトル積の定義より $\boldsymbol{l}$ は $\boldsymbol{r}$ と $\boldsymbol{p}$ の作る平面に対して垂直であるから，角運動量 $\boldsymbol{l}$ が一定ということは，図5.4のように，$\boldsymbol{l}$ に垂直な平面内に $\boldsymbol{r}$ と $\boldsymbol{p}$ が常に存在するということである（演習問題［5.2］を参照）．つまり，中心力を受けている質点は一つの平面内で運動する．

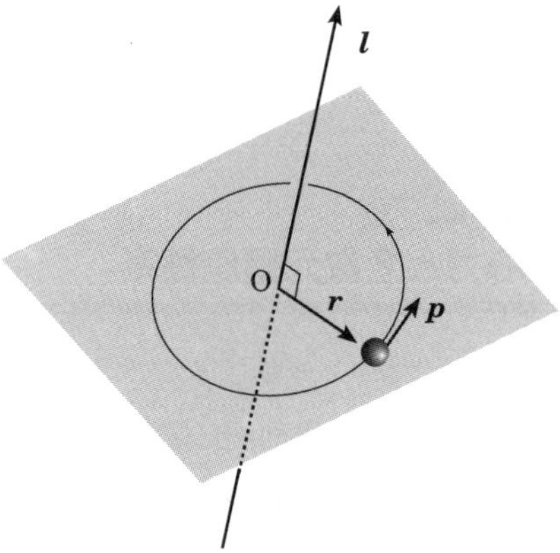

図5.4 角運動量 $\boldsymbol{l}$ に垂直な平面内にある軌道

このような運動の記述には，原点（力の中心）から質点までの距離を変数にした2次元極座標系（1.1）を使うのが便利である．

5.2.2 運動方程式の2次元極座標表示

軌道上の点Pの座標を2次元直交座標系で (x, y)，2次元極座標系で (r, θ) とする．2次元直交座標系の x 軸，y 軸の単位ベクトル $\boldsymbol{i}$, $\boldsymbol{j}$ に対して，図5.5のように2次元極座標系の r 方向と θ 方向の単位ベクトルを $\boldsymbol{e}_r$, $\boldsymbol{e}_\theta$ とする．ここで r 方向とは動径 r が増大する方向，θ 方向とは動径 r に垂直で角度 θ が増大する方向（反時計回り）である．そして，r, θ が増加する向きをそれぞれ正とする．

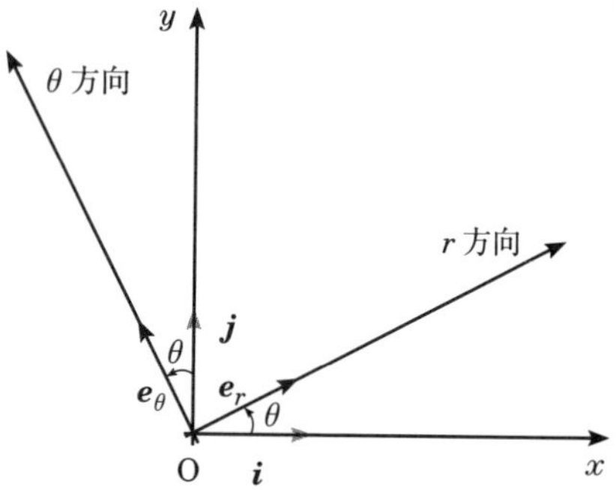

図5.5 2次元極座標の r 方向と θ 方向

このとき，質点Pの位置ベクトル$\boldsymbol{r}$は，図5.6からわかるように

$$\boxed{\boldsymbol{r} = x\,\boldsymbol{i} + y\,\boldsymbol{j} = r\,\boldsymbol{e}_r} \tag{5.13}$$

と表される．

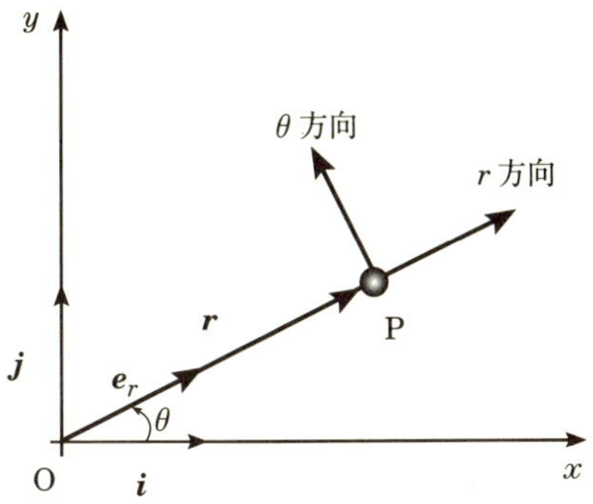

図5.6　2次元極座標表示

この質点の2次元極座標表示における運動方程式を求める前に，直交座標系での運動方程式の求め方をおさらいしておこう．その理由は，回転する座標系における単位ベクトルの重要な役割が理解できるからである．

運動方程式 $m\ddot{\boldsymbol{r}} = \boldsymbol{F}$ を2次元直交座標系で成分表示すれば $m\ddot{x} = F_x$, $m\ddot{y} = F_y$ である．これらの式の求め方は，(5.13) の $\boldsymbol{r}$ と，$\boldsymbol{F}$ の直交座標表示 $\boldsymbol{F} = F_x\,\boldsymbol{i} + F_y\,\boldsymbol{j}$ を運動方程式に代入した

$$m(\ddot{x}\,\boldsymbol{i} + \ddot{y}\,\boldsymbol{j}) = F_x\,\boldsymbol{i} + F_y\,\boldsymbol{j} \tag{5.14}$$

において，両辺の単位ベクトル $\boldsymbol{i}$ と $\boldsymbol{j}$ の係数を比較して得られる．ここで注意すべきことは，単位ベクトル $\boldsymbol{i}$ と $\boldsymbol{j}$ は直交座標軸に固定された定数ベクトルであるから，$\boldsymbol{r}$ の時間微分が $\ddot{\boldsymbol{r}} = \ddot{x}\,\boldsymbol{i} + \ddot{y}\,\boldsymbol{j}$ と書けることである．

2次元極座標系の運動方程式も，$\boldsymbol{r} = r\,\boldsymbol{e}_r$ に対して全く同じ手続きをとれば得られるが，直交座標系と異なる重要な点は，単位ベクトル $\boldsymbol{e}_r$ が原点Oを中心にして回転することである．このため単位ベクトルは時間変化するから時間微分はゼロではなく，その結果として，$\boldsymbol{e}_\theta$ 方向の成分も現れる．力 $\boldsymbol{F}$ を r と θ 成分に分けて

$$\boxed{\boldsymbol{F} = F_r\,\boldsymbol{e}_r + F_\theta\,\boldsymbol{e}_\theta} \tag{5.15}$$

と書くと，2次元極座標表示によるニュートンの運動方程式は

$$m(\ddot{r} - r\dot{\theta}^2) = F_r \qquad (r\text{方向}) \tag{5.16}$$

$$m(r\ddot{\theta} + 2\dot{r}\dot{\theta}) = \frac{m}{r}\frac{d}{dt}(r^2\dot{\theta}) = F_\theta \qquad (\theta\text{方向}) \tag{5.17}$$

で与えられる（[問 5.1]を参照）．

[問 5.1]　2 次元極座標表示の運動方程式（5.16）と（5.17）を導け．

[解]　単位ベクトル $\boldsymbol{e}_r$ と $\boldsymbol{e}_\theta$ の (x, y) 成分は，図 5.7 のように単位円を描けばわかるように $\boldsymbol{e}_r = (\cos\theta, \sin\theta)$，$\boldsymbol{e}_\theta = (-\sin\theta, \cos\theta)$ であるから，単位ベクトル $\boldsymbol{i}$，$\boldsymbol{j}$ と $\boldsymbol{e}_r$，$\boldsymbol{e}_\theta$ との間で

$$\left.\begin{aligned} \boldsymbol{e}_r &= \cos\theta\,\boldsymbol{i} + \sin\theta\,\boldsymbol{j} \\ \boldsymbol{e}_\theta &= -\sin\theta\,\boldsymbol{i} + \cos\theta\,\boldsymbol{j} \end{aligned}\right\} \tag{5.18}$$

という関係式が成り立つ．

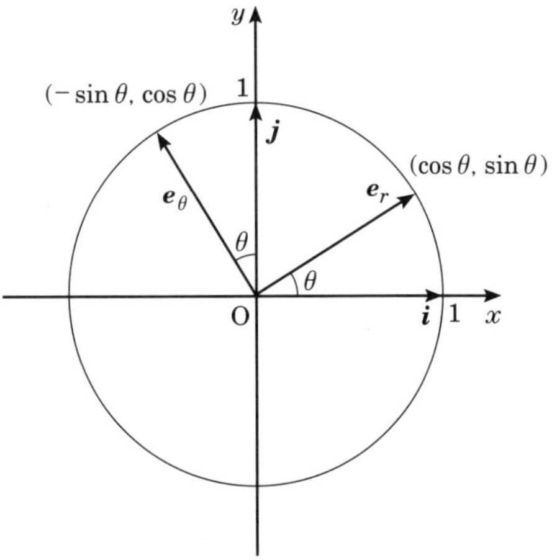

図 5.7　単位円と単位ベクトル

まず，質点 P の速度 $\boldsymbol{v}$ を求めるために位置ベクトル $\boldsymbol{r}$ を時間微分すると，$\boldsymbol{r} = r\boldsymbol{e}_r$ より

$$\begin{aligned} \boldsymbol{v} &= \dot{\boldsymbol{r}} \\ &= \dot{r}\boldsymbol{e}_r + r\dot{\boldsymbol{e}}_r \end{aligned} \tag{5.19}$$

となる．ここで，単位ベクトルの時間微分は（5.18）より

$$\dot{\boldsymbol{e}}_r = -\dot{\theta}\sin\theta\,\boldsymbol{i} + \dot{\theta}\cos\theta\,\boldsymbol{j} = \dot{\theta}(-\sin\theta\,\boldsymbol{i} + \cos\theta\,\boldsymbol{j}) = \dot{\theta}\,\boldsymbol{e}_\theta \tag{5.20}$$

$$\dot{\boldsymbol{e}}_\theta = -\dot{\theta}\cos\theta\,\boldsymbol{i} - \dot{\theta}\sin\theta\,\boldsymbol{j} = -\dot{\theta}(\cos\theta\,\boldsymbol{i} + \sin\theta\,\boldsymbol{j}) = -\dot{\theta}\,\boldsymbol{e}_r \tag{5.21}$$

となる．（5.20）を（5.19）に代入すれば，速度 $\boldsymbol{v} = (v_r, v_\theta)$ は

$$\boldsymbol{v} = \dot{\boldsymbol{r}} = \dot{r}\,\boldsymbol{e}_r + r\dot{\theta}\,\boldsymbol{e}_\theta = v_r\,\boldsymbol{e}_r + v_\theta\,\boldsymbol{e}_\theta \tag{5.22}$$

であるから

$$v_r = \dot{r}, \qquad v_\theta = r\dot{\theta} \tag{5.23}$$

を得る．さらに，（5.22）の時間微分から加速度を計算すれば

$$\ddot{\boldsymbol{r}} = \ddot{r}\boldsymbol{e}_r + \dot{r}\,\dot{\boldsymbol{e}}_r + \frac{d(r\dot{\theta})}{dt}\boldsymbol{e}_\theta + r\dot{\theta}\,\dot{\boldsymbol{e}}_\theta = (\ddot{r} - r\dot{\theta}^2)\,\boldsymbol{e}_r + (r\ddot{\theta} + 2\dot{r}\dot{\theta})\,\boldsymbol{e}_\theta \tag{5.24}$$

である．したがって，運動方程式 $m\ddot{\boldsymbol{r}} = \boldsymbol{F}$ の左辺に（5.24）を代入して（5.15）

と比べると，(5.16) と (5.17) が得られる． ☜

この2次元極座標表示において戸惑うのは，速度の r, θ 成分 (v_r, v_θ) の形に統一性がない点である．つまり，質点の速度 $\boldsymbol{v}$ は2次元直交座標系では $(v_x, v_y) = (\dot{x}, \dot{y})$ であるが，2次元極座標表示では (5.23) のように $(v_r, v_\theta) = (\dot{r}, r\dot{\theta})$ となり，$v_\theta = \dot{\theta}$ ではない．もし $v_\theta = \dot{\theta}$ であれば v_r と同じ形式だから違和感はないのだが，そうはならない．その理由は，速さの次元 $[v] = \mathrm{L/T}$ を $[\dot{\theta}] = 1/\mathrm{T}$ だけで作ることはできないからである．このため $\dot{\theta}$ に長さ $[r] = \mathrm{L}$ が掛かるのである．このように，r (長さの次元) と θ (無次元) の次元が異なるために，2次元極座標表示による運動方程式は (5.16) と (5.17) のように r 方向と θ 方向でかなり異なる形になるのである．

5.2.3 面積の定理

質点にはたらく力 $\boldsymbol{F}$ が中心力の場合，力の成分 (F_r, F_θ) のうち θ 成分は $F_\theta = 0$ であるから (5.17) において $r^2\dot{\theta} =$ 一定 ($= h$ とおく) を意味する．質点の角運動量 $\boldsymbol{l} = \boldsymbol{r} \times \boldsymbol{p}$ は，$\boldsymbol{p} = m\boldsymbol{v}$ に (5.22) を用いれば $\boldsymbol{r} \times \boldsymbol{p} = \boldsymbol{r} \times (mv_r\boldsymbol{e}_r + mv_\theta\boldsymbol{e}_\theta) = mv_\theta\boldsymbol{r} \times \boldsymbol{e}_\theta$ となるから $l = mrv_\theta = mr^2\dot{\theta}$ である．したがって

$$\boxed{h = r^2\frac{d\theta}{dt} = \frac{l}{m}} \tag{5.25}$$

を得る．この式は角運動量 l が保存していることを意味しているが，(5.12) で示したように中心力の場合には角運動量は保存するから，これ自体は自明の結果である．むしろ大切なことは，(5.25) が

$$\boxed{\frac{dS}{dt} = \frac{1}{2}r^2\frac{d\theta}{dt} = \frac{1}{2}h} \tag{5.26}$$

で定義される**面積速度**とよばれる量と結びついていることである ([問 5.2]

を参照).

この面積速度 dS/dt は，図5.8のように動径OPが dt 時間進む間に動径によって覆われる領域OPQの面積 dS を dt で割ったもので，動径OPが単位時間に掃過(そうか)する面積のことである．(5.26) は面積速度が常に一定であることを表しており，これは一般に**面積の定理**とよばれている．

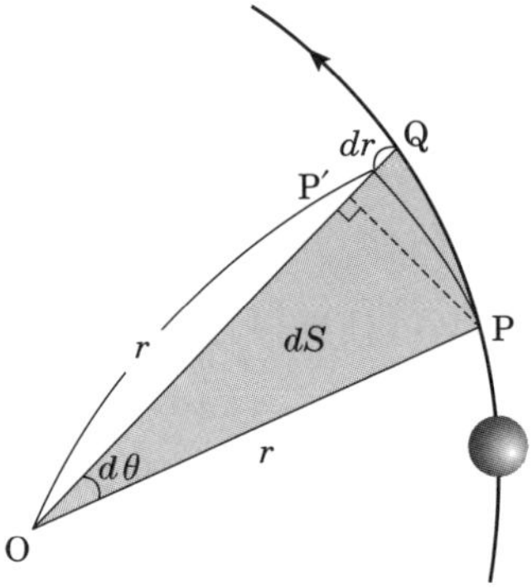

図5.8 面積速度

[問 5.2] 面積速度 (5.26) を導け．

[解] 質点が dt 時間に点Pから点Qへ動く間に動径OPが覆う領域OPQの面積 dS は，dt が微小量のときは三角形OPQの面積 $\varDelta S$ と同じ ($dS = \varDelta S$) であると考えてよい．また，PからOQへ下ろした垂線の長さPP′は円弧 $\mathrm{PQ} = r\,d\theta$ と同じと考えてよいから $\mathrm{PP'} = r\,d\theta$ である．$\varDelta S = \mathrm{OQ}\cdot\mathrm{PP'}/2$ であるから

$$dS = \varDelta S = \frac{1}{2}(r + dr)\,r\,d\theta = \frac{1}{2}r^2\,d\theta + \frac{1}{2}r\,dr\,d\theta \approx \frac{1}{2}r^2\,d\theta \tag{5.27}$$

となる．ここで，dr と $d\theta$ はともに微小量なので $r\,dr\,d\theta$ は無視した．この (5.27) を質点が点Pから点Qへ移る時間 dt で割れば，面積速度 (5.26) を得る．☜

5.3 ケプラーの法則と万有引力

デンマークの天文学者ティコ・ブラーエ (1546－1601) は，望遠鏡のなかった時代に驚異的な精度で天体の観測を行った．ドイツの数学者・天文学者ケプラー (1571－1630) は，ティコ・ブラーエによる太陽や火星などの惑星に関する詳細な観測データを整理し，惑星の運動に関する次のような経験的3法則を発見した．

第 1 法則 惑星は太陽を焦点の 1 つとする楕円軌道を描く.

第 2 法則 太陽と惑星を結ぶ動径が単位時間に掃過する面積（面積速度）は一定である（図 5.9）.

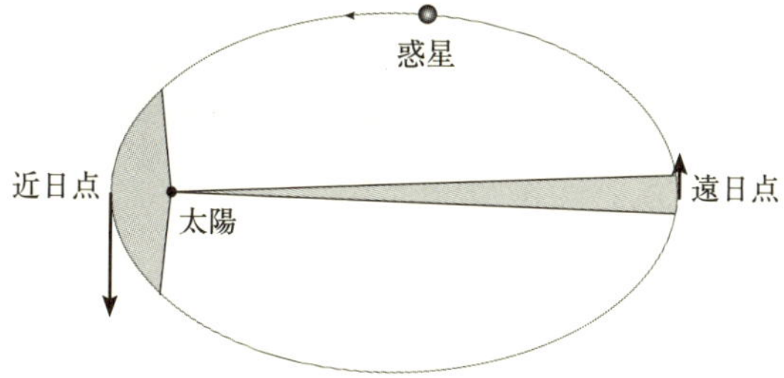

図 5.9 太陽と惑星を結ぶ動径による面積速度

第 3 法則 惑星が太陽の周りを回る周期の 2 乗は，惑星が描く楕円軌道の長軸半径の 3 乗に比例する.

これらを**ケプラーの法則**という. 特に第 2 法則は，中心力で導いた面積の定理である. この法則により，惑星の速度は太陽から遠い遠日点（えんじつてん）の付近では遅く，太陽に近い近日点（きんじつてん）の付近では速くなることがわかる.

5.3.1 ケプラーの法則から導かれる力

物理学に限定しなくても自然科学の諸分野で，実験データを基にして理論を組み立てる作業がなされる. ケプラーの 3 つの法則を精度の高いデータと考えて，このデータからどのような力が予測されるかを推理するのは面白いだろう. そこで，ケプラーの法則を基にして力の性質を導いてみよう.

第 1 法則から，惑星の軌道は楕円である. 楕円は，図 5.10 のように 2 定点 A, B から点 P までの距離 r, r' に対して，その和 $(r + r')$ が一定であるような点 P の軌跡によって描かれる図形である. この 2 定点を**焦点**，線分 AB の中点 O を楕円の中心という. そして，この楕円軌道は焦点 A $(c, 0) = (a\varepsilon, 0)$ を原点とする 2 次元極座標 (r, θ) を用いて

$$r = \frac{s}{1 + \varepsilon \cos \theta} \tag{5.28}$$

と表すことができる．ここで s は焦点 A において長軸半径 a に垂直に立てた動径で半直弦という．また ε は離心率(りしんりつ)とよばれ，楕円が円からどれだけずれているかを表す量である $(0 \leqq \varepsilon \leqq 1)$．例えば，$\varepsilon = 0$ ならば半径 $r = s$ の円を表す．

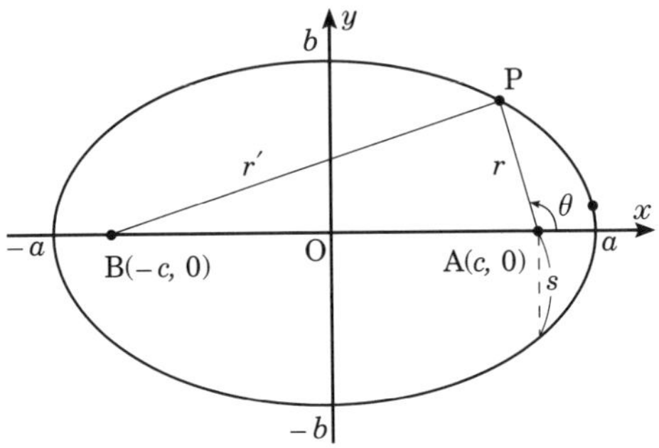

図5.10 楕円軌道の極座標表示

楕円の式 (5.28) を時間で微分すると，$s\dot{r}/r^2 = \varepsilon\,\dot{\theta}\sin\theta$ を得る．この $\dot{\theta}$ を $r^2\dot{\theta} = h$（第 2 法則）で消去して $\dot{r} = (h/s)\,\varepsilon\sin\theta$ と書きかえ，これを時間で微分すれば

$$\ddot{r} = \frac{h}{s}\,\varepsilon\,\dot{\theta}\cos\theta = \frac{h^2}{s}\frac{\varepsilon\cos\theta}{r^2} = \frac{h^2}{r^3} - \frac{h^2}{sr^2} \qquad (5.29)$$

となる．ここで，最右辺に移るとき，$\varepsilon\cos\theta$ を楕円の式 (5.28) で書きかえた．これを運動方程式 (5.16) に代入すれば

$$F_r = -\frac{mh^2}{s}\frac{1}{r^2} \propto -\frac{1}{r^2} \qquad (5.30)$$

を得る．以上より，ケプラーの第 1，第 2 法則に従う惑星の運動は，太陽からの距離 r の 2 乗に反比例する引力で生じることがわかる．

次に問題になるのは，(5.30) の比例定数 mh^2/s において，係数 h^2/s がどのような値をもつかである．面積速度 $h/2$ と半直弦 s の値は惑星の軌道によって異なるから，mh^2/s は惑星によって違うように思われる．ところが，この係数は惑星の種類によらず常に一定であることが，第 3 法則によって保証されるのである（[問 5.3] を参照）．このおかげで，惑星が太陽から受ける力 (5.30) は，惑星の質量 m に比例し，太陽からの距離 r の 2 乗に反比例することがわかる．

太陽の質量を M，比例定数を G とすれば，太陽と惑星の引き合う力は

$$F = -\frac{GMm}{r^2} \tag{5.31}$$

となる（[問 5.3] を参照）．ニュートンは，質量に起因するこの引力がすべての物体の間にはたらくと考え，これを**万有引力**とよんだ．(5.31) で表される法則を**万有引力の法則**という（G を**万有引力定数**という）．

ケプラーは 17 世紀の初め頃に，太陽系の惑星や衛星の運行に関する観測結果を整理して，これまでに述べてきた 3 つの経験法則を見い出した．そして，ニュートンは現象論的なケプラーの法則を研究して，万有引力の法則（1665 年）を発見したのである．

[問 5.3] ケプラーの第 3 法則によって，(5.30) の係数 h^2/s が一定値になることを示せ．

[解] 第 3 法則は惑星の周期 T と軌道の長軸半径 a の間に

$$\frac{T^2}{a^3} = \text{一定値}\ (= \beta \text{ とおく}) \tag{5.32}$$

という関係が成り立つことを保証するから，惑星のすべてに共通の定数 β が存在する．周期 T は楕円の面積 $S = \pi ab$ を面積速度 $h/2$ で割った $T = S/(h/2) = 2\pi ab/h$ であるから，(5.32) は $\beta = T^2/a^3 = 4\pi^2 b^2/h^2 a = 4\pi^2 s/h^2$ である．ここで，最右辺への変形は長軸半径 $a = s/(1-\varepsilon^2)$ と短軸半径 $b = s/\sqrt{1-\varepsilon^2}$ より $b^2/a = s$ であることを用いた．したがって，(5.30) の係数 h^2/s は $4\pi^2/\beta$ となり，一定である．

なお，次項で述べる軌道の方程式 (5.36) で定義される半直弦 $s = h^2/GM$ を使えば，$\beta = 4\pi^2/GM$ である．ここで，M は太陽の質量，G は万有引力定数である．したがって，(5.30) の係数は $mh^2/s = 4\pi^2 m/\beta = GMm$ となり，(5.31) も導かれる．☜

5.3.2 万有引力を受ける物体の運動

太陽からの万有引力によって回る惑星の軌道を計算してみよう．惑星の運動を記述するには，2 次元極座標表示の運動方程式 (5.16) と (5.17) が最適である．太陽の質量 M は惑星の質量 m に比べて非常に大きいから，太陽は不動で原点に静止していると考える．(5.16) の右辺 F_r に万有引力

(5.31) を代入し，(5.17) には面積速度の式 (5.25) を使うと，それぞれ

$$m\frac{d^2r}{dt^2} - mr\left(\frac{d\theta}{dt}\right)^2 = -\frac{GmM}{r^2}, \qquad r^2\frac{d\theta}{dt} = h \qquad (5.33)$$

となる．(5.33) から軌道の式を得るためには，時間 t を消去して $r = r(\theta)$ の形の式を作らなければならない．そこで，変数変換 $r = 1/u(r)$ によって (5.33) を $u(r)$ で書きかえれば

$$\boxed{\frac{d^2u}{d\theta^2} + u = \frac{GM}{h^2} \qquad \left(u(r) = \frac{1}{r}\right)} \qquad (5.34)$$

となることが示される（演習問題 [5.8] を参照）．

軌道の方程式 (5.34) は，4.4 節で学んだ非同次方程式の形をしている．このため一般解は (4.39) の解法より，(5.34) の非同次項（ここでは右辺の GM/h^2）をゼロにした同次方程式の一般解 $u_{\rm g} = A'\cos(\theta - \theta_0)$ と (5.34) の特解 $u_{\rm s}$ の和で与えられる．ここで $A'(>0)$ と θ_0 は任意の積分定数である．特解は $u_{\rm s} = GM/h^2$ とすれば (5.34) を満たすから，結局，

$$u(\theta) = u_{\rm g} + u_{\rm s} = A'\cos(\theta - \theta_0) + \frac{GM}{h^2} \qquad (5.35)$$

となる．したがって，$r = 1/u(\theta)$ で (5.35) を書きかえると，軌道の方程式

$$r = \frac{s}{1 + \varepsilon\cos(\theta - \theta_0)} \qquad (5.36)$$

を得る．ここで $s = h^2/GM$ は半直弦，$\varepsilon = h^2 A'/GM$ は離心率である．

軌道は角 $\theta = \theta_0$ の方向にある動径に対して対称であるから，$\theta_0 = 0$ とおいてよい．このとき，(5.36) は (5.28) と一致する．(5.36) は離心率 $\varepsilon = 0$ のとき $r = s =$ 一定 の円軌道を表すが，一般的には，楕円 ($\varepsilon < 1$)，放物線 ($\varepsilon = 1$)，双曲線

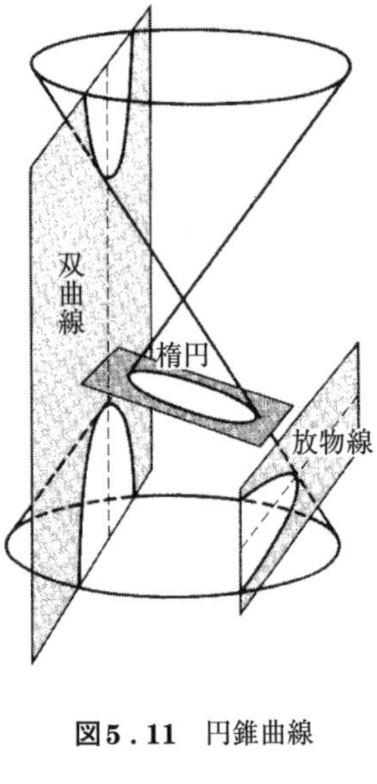

図5.11　円錐曲線

($\varepsilon > 1$) を 2 次元極座標で表した方程式である．これらは図 5.11 に示すような**円錐曲線**（えんすい）（2 次曲線）といわれるものである．

演 習 問 題

[**5.1**] ベクトル $\boldsymbol{A} = 2\,\boldsymbol{i} + 5\,\boldsymbol{j}$ とベクトル $\boldsymbol{B} = 5\,\boldsymbol{i} - 3\,\boldsymbol{j}$ について，$\boldsymbol{A} + \boldsymbol{B}$，$\boldsymbol{A} - \boldsymbol{B}$，$\boldsymbol{A}\cdot\boldsymbol{B}$，$\boldsymbol{A} \times \boldsymbol{B}$，$\boldsymbol{A}$ と $\boldsymbol{B}$ の大きさを計算せよ．また，$\boldsymbol{A}$ と $\boldsymbol{B}$ のなす角 θ と 90° との大小関係を答えよ．

[**5.2**] 原点 O の周りの角運動量 $\boldsymbol{l}$ が一定であれば，質点の運動は 1 つの平面内に限定されることを示せ．

[**5.3**] 質量 m の質点が原点からの距離に比例する引力 $\boldsymbol{F} = -k\boldsymbol{r}$ を受けて平面内で運動している．力の直交座標成分 $F_x = -kx$, $F_y = -ky$ を用いて，この質点が一般に楕円軌道（**楕円振動**という）を描くことを示せ．

[**5.4**] 地表近くの円軌道を運動する人工衛星（質量 m）の速度 v（**第 1 宇宙速度**という）と周期 T を求めよ．ただし，地上での重力加速度を $g = 9.8\,\mathrm{m/s^2}$，地球（質量 M）の半径を $R = 6400\,\mathrm{km}$ とする．

[**5.5**] 赤道上方に静止して見える静止衛星（質量 m）は地球の自転と同じ角速度 ω（24 時間に 1 回転）で回っている．前問の g, R の数値を用いて，静止衛星の地上からの高さ h と速度 v を求めよ．

[**5.6**] 太陽は，数十億年後に膨張して赤色巨星になるが，このとき，太陽の自転の角速度は現在と比べてどうなるか．また，角運動量はどうなるかを述べよ．

[**5.7**] 万有引力 F が $F = GMm/r^n$ のように，距離 r の n 乗に反比例すると仮定する．ケプラーの第 3 法則から，$n = 2$ であることを円運動の場合に示せ．

[**5.8**] 変数変換 $r = 1/u(r)$ によって運動方程式 (5.33) が (5.34) のように書けることを示せ．

第6章
質点系の運動

本章のねらい

① 大きさをもつ物体のモデルである質点系の概念を理解する．
② 質点系の運動における重心の役割を理解する．
③ 重心座標系と相対座標の役割を理解する．
④ 回転運動の方程式を理解する．

6.1 作用・反作用の法則

2 3 4 5 6 7

質点系とは，2個以上の質点から成る力学系のことである．身の周りにある普通の物体は多数の質点の集まりなので，質点系の運動を理解するためには質点系の力学が必要である．これまでニュートンの第1法則，第2法則に基づいて調べてきた質点の力学は，質点系の理論を作るための基礎を与える．しかし，この質点系の問題を考えるときは，各々の質点の間にはたらく力の関係（**相互作用**）について，次のような**作用・反作用の法則**を新たにニュートンの第3法則として付け加えなければならない．

2つの質点が互いにおよぼし合う力は，両者を結ぶ直線上で作用し，大きさが等しく，向きは反対である．

この法則によれば，図6.1に示すように質点1から質点2に力 $\boldsymbol{F}_{1\to 2}$ がはたらき，質点2から質点1に力 $\boldsymbol{F}_{2\to 1}$ がはたらくとき，これらの力は大きさ

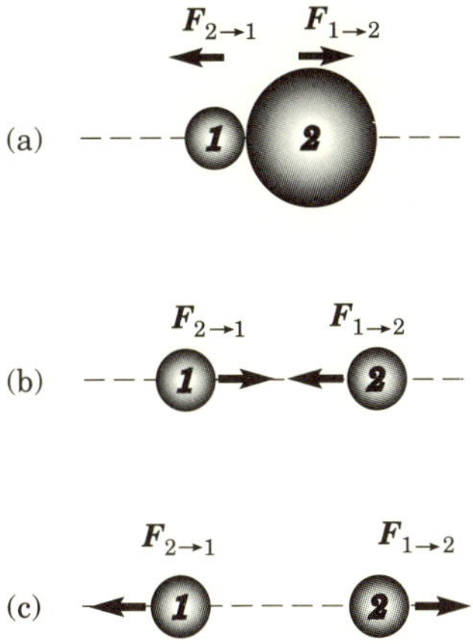

図6.1 作用・反作用による力
(a) 接触によって生じる力
(b) 離れた物体間の引力
(c) 離れた物体間の斥力

が等しく，力の向きは反対である．そのため，

$$\boxed{\boldsymbol{F}_{1\to2}+\boldsymbol{F}_{2\to1}=\boldsymbol{0} \qquad (\boldsymbol{F}_{1\to2}=-\boldsymbol{F}_{2\to1})} \tag{6.1}$$

が成り立つ．このとき，一方の力を作用，他方の力を反作用とよぶが，どちらを作用と考えるかは立場によって異なる．一般的には，重力，手で押す力，電磁気的な力など，その大きさと方向が初めからわかっていたり，またはコントロールできる力を作用とよぶ．他方，壁の押し返す力，糸の張力，斜面からの垂直抗力など，考えている系（システム）のもつ条件によって現れる力を反作用とよぶ．

作用・反作用と力のつり合い

作用・反作用の法則と力のつり合いは一見よく似ているが，まったく異なるものなので両者の関係を簡単に述べておこう．

1つの物体にいくつかの力が同時にはたらいても，それらの合力がゼロであれば，これらの力は**つり合っている**という．例えば，図6.2のように糸の張力 $\boldsymbol{S}$ とおもり

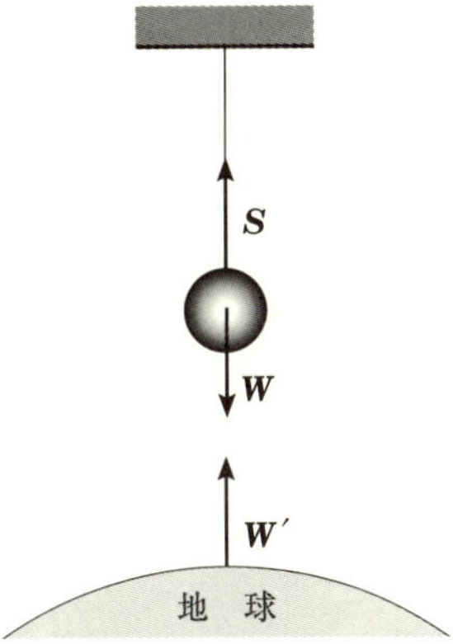

図6.2 つり合いの力と作用・反作用の力

にはたらく重力 $\boldsymbol{W}$ はつり合って

$$\boldsymbol{S} + \boldsymbol{W} = \boldsymbol{0} \qquad \text{(つり合いの力)} \tag{6.2}$$

である．これらの力は作用・反作用の力 (6.1) と似ているが，作用・反作用の力ではなく，つり合いの力とよばれるものである．つまり，**つり合いの力**とは，力の作用点が1つの物体内にあって，そこにはたらく力の合力がゼロになるものを指す．一方，おもりにはたらく重力 $\boldsymbol{W}$ とおもりが地球におよぼす引力 $\boldsymbol{W}'$ は

$$\boldsymbol{W} + \boldsymbol{W}' = \boldsymbol{0} \qquad \text{(作用・反作用の力)} \tag{6.3}$$

で，これらの力の作用点は異なる2つの物体にある．このような場合が作用・反作用の力である．

例：ガウディの建築

サグラダ・ファミリアやグエル公園などの設計で有名なスペイン，バルセロナのガウディ (1852−1926) は，鎖を用いた「逆さ吊りアーチ曲線」のアイデアで独特の建築物をたくさん造っている．ガウディは重力に逆らわない最も安定した形の構造体として，天井の2カ所から吊り下げた鎖が作るアーチ曲線に着目した．この鎖の各点にはたらく重力は，その点での鎖の張力とつり合い，全体として重力と天井を引っ張る鎖の張力とがつり合って，アーチは安定な形を保つ．この状態のままで鎖の形を固定して，鎖を天井から外し，ひっくり返して地面に立てれば，構造上，重力に逆らわない安定したアーチ曲線になる．サグラダ・ファミリアは，このようなアーチ曲線の力学的な性質を利用して複雑な形の建築物になっているが，グエル邸の門などは単一なアーチ曲線によって端正な形をしている．

なお，鎖の両端を持って垂らしたときにできる曲線は，**カテナリー曲線**（懸垂線（けんすいせん））とよばれるもので，一見，放物線に似ているが異なる曲線である．

6.2 力積と運動量保存則

いま，運動量表示による運動方程式 $d\boldsymbol{p}/dt = \boldsymbol{F}$ を $d\boldsymbol{p} = \boldsymbol{F}\,dt$ と変形して，時刻 t_1 から t_2 まで定積分してみよう．運動量 $\boldsymbol{p}$ に関する積分が時刻 t_1, t_2 でそれぞれ $\boldsymbol{p}(t_1)$, $\boldsymbol{p}(t_2)$ の値をとるとすれば

$$\int_{\boldsymbol{p}(t_1)}^{\boldsymbol{p}(t_2)} d\boldsymbol{p} = \boldsymbol{p}(t_2) - \boldsymbol{p}(t_1) \equiv \varDelta\boldsymbol{p} \tag{6.4}$$

であるから

$$\boxed{\varDelta\boldsymbol{p} = \int_{t_1}^{t_2} \boldsymbol{F}\,dt} \tag{6.5}$$

を得る．

物体にはたらいた力 $\boldsymbol{F}$ の時間積分で作られる（6.5）の右辺を**力積**（りきせき）という．力積はベクトル量であり，運動量の変化量 $\varDelta\boldsymbol{p}$ に等しい．（6.5）は運動方程式の単なる書きかえにすぎないが，硬い物体同士の衝突，ビリヤード，ゴルフ，野球のバッティングのように，物体に対して力が非常に短い時間だけはたらく問題を扱うときに役立つ式である（演習問題［6.1］を参照）．

力積を応用した撃力（げきりょく）の緩和法（かんわほう）

図6.3のように瞬間的にはたらく大きな力を**撃力**という．撃力そのものは求めにくいが，運動量の変化を測定することによって力積という形で撃力の情報を得ることができる．

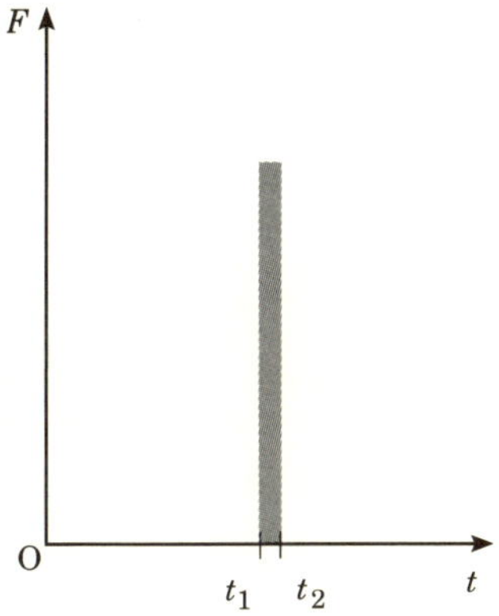

図6.3　撃力と力積

多くの場合，撃力の大きさ F はほぼ一定と見なすことができるので，(6.5) から微小時間 $\varDelta t$ に対する運動量の大きさの変化 $\varDelta p$ を

$$\varDelta p = F\,\varDelta t \qquad (\varDelta t = t_2 - t_1) \tag{6.6}$$

と書くことができる．この式から，もし Δp が一定ならば衝突時の撃力 F を減少させる方法として，時間 Δt を大きくすればよいことがわかる．

例えば，キャッチボールをしているとき，高速で飛んでくる硬いボールを手で受けとめた瞬間に手をすばやく後方へ引く動作をするだろう．この動作は Δt を増加させる効果なので，手が受ける衝撃力 F をやわらげることができる．同様に，自動車の**エアバッグ**もこの (6.6) から理解できる．エアバッグとは自動車が何かに衝突して強い衝撃を受けた瞬間に風船のように膨らんで，そのクッションで運転手や同乗者を守る安全装置である．衝突後，車内の人たちがハンドルやフロントガラスなどに激突するまでの時間 Δt をこのエアバッグとの接触によって増加させ，衝撃力 F を減少させるのである．

2質点系の運動量保存則

2つの質点の衝突における運動方程式は，それぞれの運動量を $\boldsymbol{p}_1$, $\boldsymbol{p}_2$ とすると

$$\frac{d\boldsymbol{p}_1}{dt} = \boldsymbol{F}_{2\to1}, \qquad \frac{d\boldsymbol{p}_2}{dt} = \boldsymbol{F}_{1\to2} \tag{6.7}$$

であるから，衝突直前の時刻を t_1，直後の時刻を t_2 としてそれぞれを積分して力積を求めれば

$$\boldsymbol{p}_1(t_2) - \boldsymbol{p}_1(t_1) = \int_{t_1}^{t_2} \boldsymbol{F}_{2\to1}\,dt, \qquad \boldsymbol{p}_2(t_2) - \boldsymbol{p}_2(t_1) = \int_{t_1}^{t_2} \boldsymbol{F}_{1\to2}\,dt \tag{6.8}$$

を得る．衝突の間，撃力は $\boldsymbol{F}_{2\to1} = -\boldsymbol{F}_{1\to2}$ の関係にあるから，2つの質点間で

$$\boxed{\boldsymbol{p}_1(t_1) + \boldsymbol{p}_2(t_1) = \boldsymbol{p}_1(t_2) + \boldsymbol{p}_2(t_2)} \tag{6.9}$$

という関係式が成り立つ．

この式は時刻が異なっても和 $(\boldsymbol{p}_1 + \boldsymbol{p}_2)$ が一定であることを示しており，これを2質点系の**運動量保存則**という（演習問題［6.2］を参照）．なお，この法則は質点の数が増えても成り立つことを6.4節で示す．

2体の衝突

図6.4のように一直線上を運動する2つの球A, Bの衝突を考えよう．衝突前の速度を $\boldsymbol{v}_1$, $\boldsymbol{v}_2$, 衝突後の速度を $\boldsymbol{u}_1$, $\boldsymbol{u}_2$ とする．衝突が起こると，一般に熱や音の発生に $\varDelta E$ だけのエネルギーを使うから，衝突前後の運動エネルギーの間には次の関係が成り立つ．

$$\frac{1}{2}m_1v_1{}^2 + \frac{1}{2}m_2v_2{}^2 = \frac{1}{2}m_1u_1{}^2 + \frac{1}{2}m_2u_2{}^2 + \varDelta E \qquad (6.10)$$

そして，衝突の前後で運動エネルギーが変化しない（$\varDelta E = 0$）衝突を**弾性衝突**，変化する（$\varDelta E \neq 0$）衝突を**非弾性衝突**という．

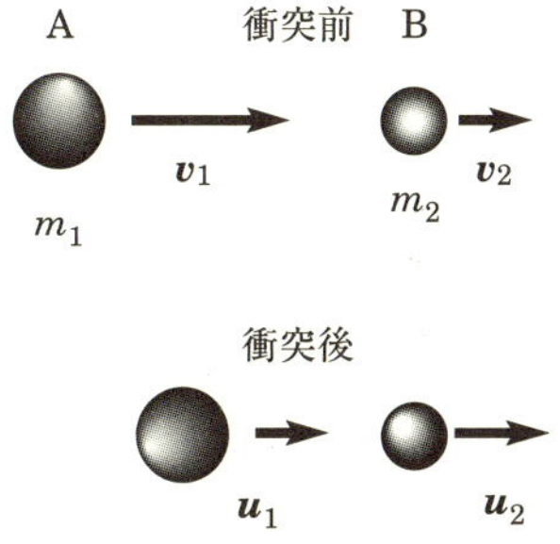

図6.4　2球の衝突

図6.4において，BよりAを見れば衝突前はAがBに近づいてくるから，相対速度 $v = v_1 - v_2$ は正である．一方，衝突後はAはBと一緒に運動するか，あるいは後方に遠ざかるので，相対速度 $u = u_1 - u_2$ はゼロか負である．これら u と v の比で定義される

$$e = -\frac{u}{v} = -\frac{u_1 - u_2}{v_1 - v_2} \qquad (6.11)$$

を**反発係数（はね返り係数）**とよぶ．$e = 1$ の場合が弾性衝突，$0 \leqq e < 1$ の場合が非弾性衝突に対応する．特に，$e = 0$ の場合を**完全非弾性衝突**という（演習問題［6.3］を参照）．

［例題 6.1］　図6.4で $\boldsymbol{v}_2 = \boldsymbol{0}$ の場合を考える．つまり，初めBが静止していて，これにAが速度 $\boldsymbol{v}_1$ で衝突する．衝突後，A，Bは同じ向きの速度をもち，その速度をそれぞれ $\boldsymbol{u}_1$, $\boldsymbol{u}_2$ として，AからBに移った運動エネルギー K を求めよ．

［解］　(6.9) の運動量保存則

$$m_1u_1 + m_2u_2 = m_1v_1 \qquad (6.12)$$

と反発係数 (6.11) の関係式 $u_2 - u_1 = ev_1$ を用いて，衝突後の速さを求めると

$$u_1 = \frac{m_1 - em_2}{m_1 + m_2} v_1, \qquad u_2 = \frac{(1+e)\, m_1}{m_1 + m_2} v_1 \tag{6.13}$$

を得る．したがって，A から B に移った運動エネルギー K は

$$K = \frac{1}{2} m_2 u_2{}^2 = \frac{1}{2} m_2 (1+e)^2 \frac{m_1{}^2 v_1{}^2}{(m_1 + m_2)^2} \tag{6.14}$$

となる．A の質量 m_1 が大きいほど B の運動エネルギー K は大きくなり，$m_1 \gg m_2$ で $(1+e)^2\, m_2 v_1{}^2/2$ に近づく．また，$e = 1$，$m_1 = m_2 = m$ のとき $K = mv_1{}^2/2$ となる． ☜

6.3 質点系の重心

質点系とは質点が多数集まってできた系で，大きさをもつ物体をモデル化したものである．図6.5のような N 個の質点から成る質点系を考えよう．i 番目の質点の質量を m_i とし，その位置を位置ベクトル $\boldsymbol{r}_i$ で指定する．また質点系には，全質量が 1 点に集中し，その点のみ考えれば質点系全体の並進運動の計算ができる（(6.21) の説明を参照）ような特別な点 G が存在する．この点 G を質点系の**重心**または**質量中心**とよび，その位置は，全質量を M として

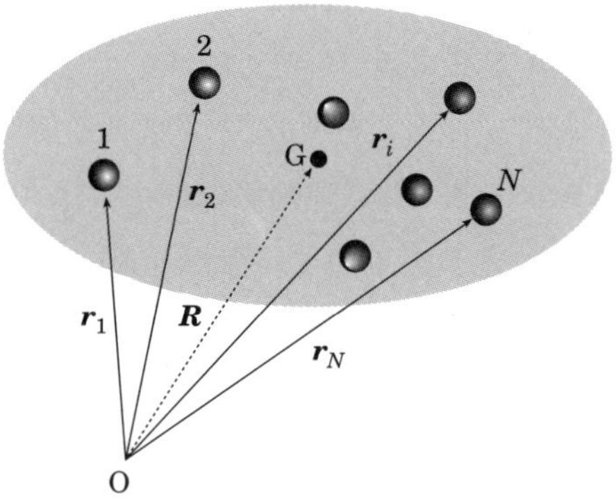

図6.5　質点系の重心

$$\boldsymbol{R} = \frac{\sum_{i=1}^{N} m_i \boldsymbol{r}_i}{M} \qquad \left(M = \sum_{i=1}^{N} m_i \right) \tag{6.15}$$

という位置ベクトル $\boldsymbol{R}$ で決まる．

この式の意味を理解するために，位置ベクトル $\boldsymbol{r}_1$ の点 P に質量 m_1，$\boldsymbol{r}_2$ の点 Q に質量 m_2 の質点がある最も簡単な 2 個だけの質点系（$N = 2$）を考えてみよう（図 6.6）．もし，2 個の質点の質量が等しいならば，(6.15) は $\boldsymbol{R} = (\boldsymbol{r}_1 + \boldsymbol{r}_2)/2$ となり，この $\boldsymbol{R}$ は 2 個の質点を結ぶ線分の中点を指している．例えば，軽い棒の両端に 2 個の同じ質量の質点を取り付けた系を作れば，この棒の中点を指で支えると系はつり合って静止する．つまり，つり合いの点が重心の位置である．また，2 個の質点の質量が異なる場合の重心は

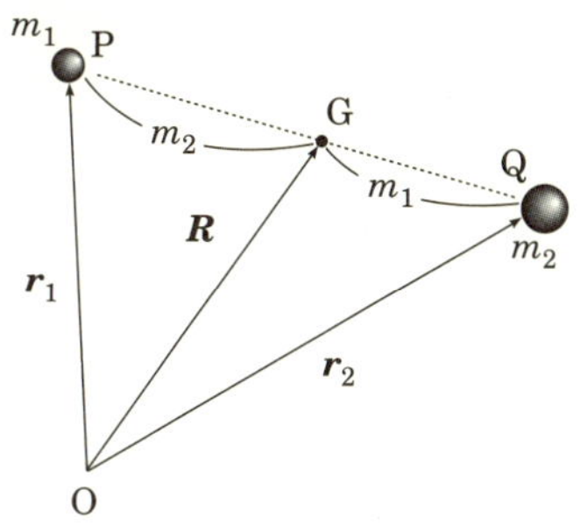

図 6.6　重心

$$\boldsymbol{R} = \frac{m_1\boldsymbol{r}_1 + m_2\boldsymbol{r}_2}{m_1 + m_2} \tag{6.16}$$

となるが，この位置ベクトル $\boldsymbol{R}$ が決める点 G は 2 個の質点をつなぐ線分の長さ PQ を $m_2 : m_1$ に内分する点となっている（演習問題［6.5］を参照）．

1 2 3 **6.4** 5 6 7

質点系の運動量と運動方程式

質点系を構成する質点は互いに力をおよぼし合っている．図 6.7 のように質点 j が質点 i におよぼす力を $\boldsymbol{F}_{j\to i}$ と書こう．質点系の内部ではたらくこのような力を**内力**という．また，この質点系には外部からも力がはたらいているとして，質点 i にはたらく**外力**を $\boldsymbol{F}_i$ と書く．

そうすると，運動量 $\boldsymbol{p}_i = m_i\boldsymbol{v}_i$ をもつ質点 i の運動方程式を作る場合，外力と内力の両方の力を考えなければならない．このとき注意すべきことは，図 6.7 からも明らかなように，自分自身におよぼす力は存在し得ないか

ら $\boldsymbol{F}_{i\to i}=\boldsymbol{0}$ ということである．このことを明示して，質点 i の運動方程式を書けば

$$\boxed{\frac{d\boldsymbol{p}_i}{dt}=\boldsymbol{F}_i+\sum_{j\neq i}\boldsymbol{F}_{j\to i}} \tag{6.17}$$

となる．ここで $\sum_{j\neq i}$ は，j についての内力の和をとるとき，$\boldsymbol{F}_{i\to i}$ は存在しないから除くという意味である．例えば $i=1$ のとき，$\boldsymbol{F}_{1\to 1}=\boldsymbol{0}$ なので，$\sum_{j\neq 1}\boldsymbol{F}_{j\to 1}=\boldsymbol{F}_{2\to 1}+\boldsymbol{F}_{3\to 1}+\boldsymbol{F}_{4\to 1}+\cdots$ となる．

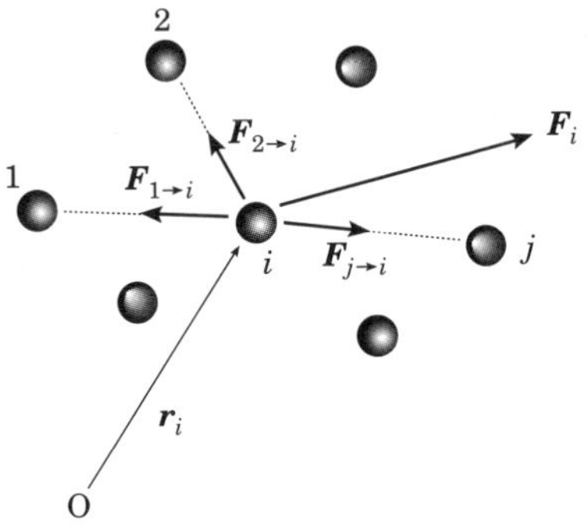

図6.7　質点系の外力と内力

質点系の運動方程式は，質点 i の運動方程式 (6.17) を i について総和をとれば得られる．そこで，まず内力に関する総和をみると

$$\begin{aligned}\sum_{i=1}\Bigl(\sum_{j\neq i}\boldsymbol{F}_{j\to i}\Bigr)&=\sum_{j\neq 1}\boldsymbol{F}_{j\to 1}+\sum_{j\neq 2}\boldsymbol{F}_{j\to 2}+\sum_{j\neq 3}\boldsymbol{F}_{j\to 3}+\cdots\\&=\quad\boldsymbol{F}_{2\to 1}+\boldsymbol{F}_{3\to 1}+\boldsymbol{F}_{4\to 1}+\cdots\\&\quad+\boldsymbol{F}_{1\to 2}+\boldsymbol{F}_{3\to 2}+\boldsymbol{F}_{4\to 2}+\cdots\\&\quad+\boldsymbol{F}_{1\to 3}+\boldsymbol{F}_{2\to 3}+\boldsymbol{F}_{4\to 3}+\cdots\end{aligned} \tag{6.18}$$

のように $\boldsymbol{F}_{i\to j}$ と $\boldsymbol{F}_{j\to i}$ がいつも対(つい)で現れる．そのような対には作用・反作用の法則 $\boldsymbol{F}_{i\to j}+\boldsymbol{F}_{j\to i}=\boldsymbol{0}$ が成り立つので，この内力に対する総和は消える．したがって，(6.17) を i について総和をとると外力だけが残るので，全運動量を $\boldsymbol{P}$ として質点系の運動方程式は次のように書ける．

$$\boxed{\frac{d\boldsymbol{P}}{dt}=\sum_i\frac{d\boldsymbol{p}_i}{dt}=\sum_i\boldsymbol{F}_i\qquad\Bigl(\boldsymbol{P}=\sum_i\boldsymbol{p}_i\Bigr)} \tag{6.19}$$

ちなみに，第 2 章で述べた運動の第 1，第 2 法則に「力」ではなく「外力」という言葉が使われるのは，このように内力は打ち消し合って消えてしまうために考える必要がないからである．

(6.19) は質点系の全運動量の時間変化率が，これにはたらく外力の総和

に等しく，内力には無関係であることを示している．もし質点系が孤立していて $\boldsymbol{F}_i = \boldsymbol{0}$ であるか外力の総和がゼロ（つまり，外力の合力 $\sum_i \boldsymbol{F}_i = \boldsymbol{0}$）である場合，(6.19) は

$$\frac{d\boldsymbol{P}}{dt} = \boldsymbol{0} \tag{6.20}$$

となるから，質点系の全運動量 $\boldsymbol{P}$ は時間によらず一定になる．これを一般に**運動量保存則**といい，運動量保存則 (6.9) は質点が 2 個（$N = 2$）の場合に当る．

重心の位置ベクトル (6.15) の時間微分より $\boldsymbol{P} = M\, d\boldsymbol{R}/dt$ であるから，(6.19) は

$$M \frac{d^2\boldsymbol{R}}{dt^2} = \sum_i \boldsymbol{F}_i \tag{6.21}$$

と書きかえることができる．質点系の重心の運動に着目すれば，運動方程式 (6.21) は，形式的には位置 $\boldsymbol{R}$ にある質量 M の質点に外力 $\boldsymbol{F}_1, \boldsymbol{F}_2, \boldsymbol{F}_3, \cdots$ の合力がはたらいているときの運動方程式と同じである．つまり，質点系の運動は，重心を 1 つの質点と見なした運動と同じである．この事実が，大きさのある物体を質点のように扱ってもよいことを保証している（演習問題 [6.6] を参照）．

なお，運動量保存則 (6.20) が威力を発揮するのは，質量が時間とともに変化するような物体の運動，例えばロケットの運動などの場合である（演習問題 [6.4] を参照）．

[例題 6.2] 図 6.8 のように質量 M の大きな球 A の中心軸に細い棒を挿して，その上に中心軸に穴をあけた質量 m の小さな球 B を挿して，高さ h の所から静かに落とす($M > m$)．床に弾性的に衝突後，球 B が跳ね上がる最高

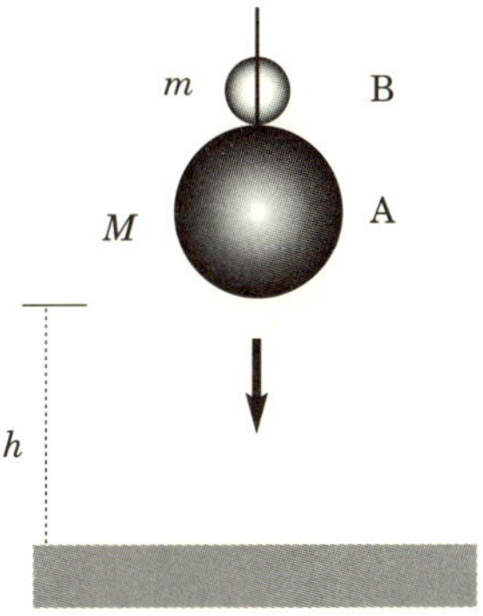

図 6.8 大きい球と小さい球

点の高さ H を求めよ．また，$m \ll M$ の場合に $H = 9h$ になることを示せ．ただし，球 B の穴とこの棒の表面は滑らかであり，また球 A と球 B の間の反発係数は 1 とする．

［解］ この問題を 3 つの段階に分けて考える．つまり，

（1）床に衝突する直前

（2）球 A が床に衝突した瞬間

（3）球 B が高さ H まで跳ね上がった瞬間

の 3 段階である．

（1） 床に衝突直前の球 A の速さを $-v_0$ とすれば（鉛直上方を正とする），力学的エネルギー保存則 $(m+M)gh = (m+M)(-v_0)^2/2$ より $v_0^2 = 2gh$ を得る．

（2） 球 A が床と弾性的にぶつかると（弾性衝突 $e = 1$），その速さは $-v_0$ から v_0 に変わる．その瞬間には球 B は $-v_0$ で落下しているので球 A と弾性的に衝突する．衝突後，A は速さ V，B は速さ v を上向きにもったとすれば，運動量保存則と力学的エネルギー保存則はそれぞれ

$$Mv_0 - mv_0 = MV + mv, \qquad \frac{1}{2}Mv_0^2 + \frac{1}{2}m(-v_0)^2 = \frac{1}{2}MV^2 + \frac{1}{2}mv^2 \tag{6.22}$$

となる．この 2 つの式から V を消去して整理すれば

$$(M+m)v^2 - 2(M-m)v_0 v - (3M-m)v_0^2 = 0 \tag{6.23}$$

となる．これを解くと，v は

$$v = -v_0 \quad \text{または} \quad v = \frac{3M-m}{M+m}v_0 \tag{6.24}$$

である．解のうち $v = -v_0$ は，$v > 0$ であるはずだから題意に合わない．したがって，もう一方の v が求める解である．このとき，(6.22) の運動量保存則の式より $V = v_0(M-3m)/(M+m)$ である．

（3） 衝突後，球 B が最高点 H に達したとすれば $mv^2/2 = mgH$ である．この v^2 と（1）で求めた v_0^2 を，(6.24) の 2 番目の v を 2 乗した式に代入すれば

$$H = \frac{(3M-m)^2}{(M+m)^2}h \tag{6.25}$$

を得る．これより，$m \ll M$ であれば $H = 9h$ になる． ☜

2 体問題

各質点にはたらく外力と内力がわかれば，運動方程式（6.17）を解くことにより，質点系の運動は決まる．しかし，それは原理的な話であって，厳密には解析的に各質点の時々刻々の位置や速度を求めることは一般的に不可能である．質点が 2 つの場合（**2 体問題**という）と，特別な条件下にある質点が 3 つの場合にだけ解析的に解けることがわかっている．質点が 3 つ以上の問題を**多体問題**とよび，一般に解析的に解くことは不可能である．そのために，6.4 節では質点系の重心に着目してその運動を考えたのである．ここでは，2 体問題の場合だけは厳密に解ける理由を説明する．

質量 m_1 の質点 1 と質量 m_2 の質点 2 の間には内力だけがはたらき，外力はないとしよう．このとき，質点 1 が質点 2 におよぼす力 $\boldsymbol{F}_{1\to 2}$ と質点 2 が質点 1 におよぼす力 $\boldsymbol{F}_{2\to 1}$ に対する運動方程式（6.17）は，それぞれ

$$\frac{d\boldsymbol{p}_1}{dt} = m_1 \frac{d^2\boldsymbol{r}_1}{dt^2} = \boldsymbol{F}_{2\to 1}, \qquad \frac{d\boldsymbol{p}_2}{dt} = m_2 \frac{d^2\boldsymbol{r}_2}{dt^2} = \boldsymbol{F}_{1\to 2} \tag{6.26}$$

である．この 2 質点系の重心 G の運動方程式は

$$M \frac{d^2\boldsymbol{R}}{dt^2} = \boldsymbol{0} \tag{6.27}$$

となる．ここで $\boldsymbol{R} = (m_1\boldsymbol{r}_1 + m_2\boldsymbol{r}_2)/(m_1 + m_2)$ である．この式は重心 G の加速度がゼロであることを示すから，この系は等速度運動をしている．初めの速度がゼロならば，重心は静止したままである．

次に，運動方程式（6.26）を

$$\frac{d^2\boldsymbol{r}_1}{dt^2} = \frac{1}{m_1}\boldsymbol{F}_{2\to 1}, \qquad \frac{d^2\boldsymbol{r}_2}{dt^2} = \frac{1}{m_2}\boldsymbol{F}_{1\to 2} \tag{6.28}$$

と書いて $\ddot{\boldsymbol{r}}_2 - \ddot{\boldsymbol{r}}_1$ を計算する．

相対座標 $\boldsymbol{r} = \boldsymbol{r}_2 - \boldsymbol{r}_1$ は図 6.9 のように質点 1 から見た質点 2 の位置を決めるベクトルであるから，$\boldsymbol{F}_{2\to 1} = -\boldsymbol{F}_{1\to 2}$ を使って

$$\ddot{\boldsymbol{r}} = \left(\frac{1}{m_1} + \frac{1}{m_2}\right)\boldsymbol{F}_{1\to 2} \tag{6.29}$$

を得る．ここで

$$\frac{1}{\mu} = \frac{1}{m_1} + \frac{1}{m_2} \tag{6.30}$$

という式で**換算質量**（かんざんしつりょう）μ という巧妙な量を定義すると，(6.29) は

$$\boxed{\mu\frac{d^2\boldsymbol{r}}{dt^2} = \boldsymbol{F}_{1\to 2}} \tag{6.31}$$

という簡単な形になり，質量 μ の質点に対する運動方程式に変わる．つまり，質点 1 に対する質点 2 の相対的運動は，質点 1 を固定し，そこから $\boldsymbol{r}$ にある質点 2 の質量を μ に変えた運動と同じものである．この結果，(6.26) の 2 体問題は 1 体問題と見なせるから解析的に解くことができる．

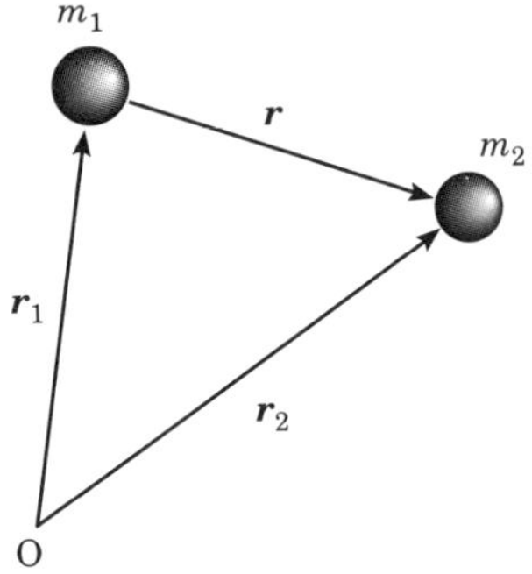

図 6.9　2 体問題

[例題 6.3]　図 6.10(a)のようにバネ定数 k のバネで連結した 2 つの質点（質量は m_1 と m_2）を振動させたときの振動の周期 T を求めよ．

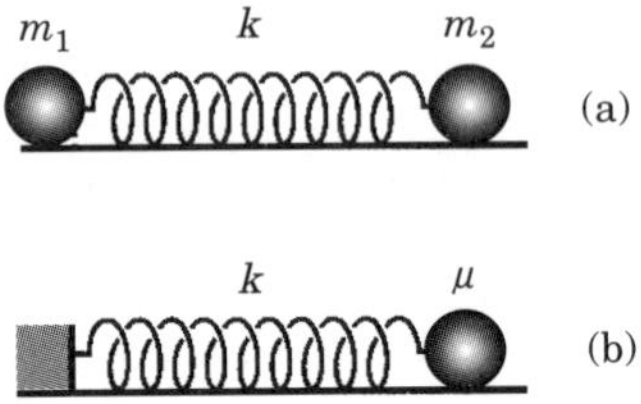

図 6.10　バネにつながれた2質点の運動(a)と等価な質点の運動（b）

[解]　2 つの質点は内力だけで運動をするから，(6.30) によって決まる換算質量 $\mu = m_1m_2/(m_1 + m_2)$ をもった 1 個の質点と同じ運動である（図 6.10(b)）．したがって，周期は $T = 2\pi\sqrt{\mu/k}$ となる． ☜

重心座標系

6.4 節で学んだように，重心は質点系の運動を考えるときに重要な役割を果たす．そこで，重心を原点とした**重心座標系**を導入して，重心から見た各質点の相対的な運動を考えてみよう．図 6.11 のように座標原点を O とし，重心 G の位置ベクトルを $\boldsymbol{R}$，質点 i の位置ベクトルを $\boldsymbol{r}_i$ とする．これまで特に断らなかったが，私たちは慣性系の中でこの問題を考えているから，原点 O は慣性座標系の原点である．そして，この慣性座標系の中で新たに重心座標系という特別な座標系を導入して運動を調べようというのが，これからの話である．

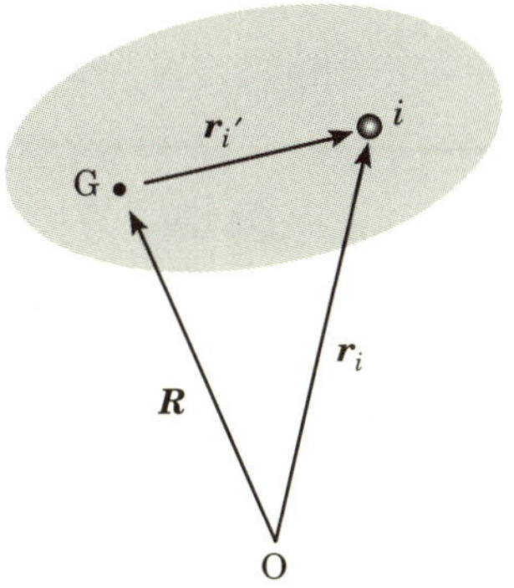

図 6.11 重心と相対位置

重心 G からみた質点 i の相対位置ベクトルを $\boldsymbol{r}_i'$ とすると

$$\boxed{\boldsymbol{r}_i = \boldsymbol{R} + \boldsymbol{r}_i'} \tag{6.32}$$

である．3 次元直交座標系で $\boldsymbol{r}_i$, $\boldsymbol{R}$, $\boldsymbol{r}_i'$ の各成分を $\boldsymbol{r}_i = (x_i, y_i, z_i)$, $\boldsymbol{R} = (X, Y, Z)$，$\boldsymbol{r}_i' = (x_i', y_i', z_i')$ とすれば，(6.32) の各成分は $x_i = X + x_i'$, $y_i = Y + y_i'$, $z_i = Z + z_i'$ となる．原点 O から見た質点 i の速度 $\boldsymbol{v}_i$ は (6.32) の時間微分 $d\boldsymbol{r}_i/\,dt$ より

$$\boxed{\boldsymbol{v}_i = \boldsymbol{V} + \boldsymbol{v}_i'} \tag{6.33}$$

となる．$\boldsymbol{V} = d\boldsymbol{R}/dt$ は原点 O から見た重心の速度であり，$\boldsymbol{v}_i' = d\boldsymbol{r}_i/dt$ は重心 G から見た質点 i の相対速度である．

余分な自由度の解消

慣性系の原点 O から位置ベクトル (6.32) で指定される質点 i の座標は

(x_i, y_i, z_i) であるから，1個の質点の自由度は3，したがって N 個の質点から成る質点系の自由度は $3N$ である．一方，重心座標系では重心という特別な点を質点系に付加したため，重心を指定する座標（X, Y, Z）が増えた．このため，これに各質点の相対座標（x_i', y_i', z_i'）の $3N$ 個の座標を合わせると自由度は $3N+3$ となり，慣性系における質点系の自由度 $3N$ より3つ多くなる．したがって重心座標系で問題を考えるときには，この余分な3つの自由度を解消する必要がある．そこで，(6.32) に m_i を掛けて i についての和

$$\sum_i m_i \boldsymbol{r}_i = \sum_i m_i \boldsymbol{R} + \sum_i m_i \boldsymbol{r}_i' \tag{6.34}$$

をとってみよう．左辺は重心の定義 (6.15) より $M\boldsymbol{R}$ で，右辺の第1項目と同じものであるから，次の関係式が得られる．

$$\boxed{\sum_i m_i \boldsymbol{r}_i' = \boldsymbol{0} \text{ あるいは，この時間微分量 } \sum_i m_i \boldsymbol{v}_i' = \boldsymbol{0}} \tag{6.35}$$

この関係式はベクトルの式だから，成分で書けば3つの式を与える．つまり，(6.35) が余分な3つの自由度を解消するために必要な条件式である．

質点系の全運動エネルギー

質点系の全運動エネルギーは，慣性系を基準にすれば，つまり原点Oから見た場合，質点 i の運動エネルギー $m_i v_i^2/2 = m_i \boldsymbol{v}_i \cdot \boldsymbol{v}_i/2$ の総和である．これを重心座標系で書き表せば，(6.33) より

$$\begin{aligned}\sum_i \frac{1}{2} m_i v_i^2 &= \sum_i \frac{1}{2} m_i (\boldsymbol{V} + \boldsymbol{v}_i') \cdot (\boldsymbol{V} + \boldsymbol{v}_i') \\ &= \frac{1}{2} M V^2 + \sum_i \frac{1}{2} m_i v_i'^2 \end{aligned} \tag{6.36}$$

となる．ここで条件式 (6.35) より $\sum_i (\boldsymbol{V} \cdot m_i \boldsymbol{v}_i') = \boldsymbol{V} \cdot (\sum_i m_i \boldsymbol{v}_i') = 0$ を使った．この関係式によって $\boldsymbol{V}$ と $\boldsymbol{v}_i'$ の積の項（交差項）が消える．

(6.36) は質点系の全運動エネルギーが，重心運動の運動エネルギーと重心に対する質点の相対運動による運動エネルギーの和で与えられることを示している．

1 2 3 4 5 6 **6.7**

質点系の全角運動量と回転運動

回転運動は，質点系のような大きさをもつ物体に生じる運動である．ある固定点の周りでの質点系の回転運動を記述する方程式は，質点の力学で導入した角運動量と外力のモーメントとの関係式（5.9）を基礎にして導かれる．

6.7.1 慣性系での回転運動の方程式

質点系の全角運動量 $\boldsymbol{L}$ は，質点系を構成している質点 i のもつ角運動量 $\boldsymbol{l}_i = \boldsymbol{r}_i \times \boldsymbol{p}_i$ の総和

$$\boldsymbol{L} = \sum_i \boldsymbol{l}_i = \sum_i (\boldsymbol{r}_i \times \boldsymbol{p}_i) \tag{6.37}$$

で与えられる．ここで $\boldsymbol{p}_i = m_i \boldsymbol{v}_i$ である．5.1 節で述べたように，角運動量の時間変化率（5.9）が回転運動の方程式を与えるから，外力のモーメント

$$\boldsymbol{N} = \sum_i (\boldsymbol{r}_i \times \boldsymbol{F}_i) \tag{6.38}$$

を用いて，質点系の回転運動の方程式は

$$\boxed{\frac{d\boldsymbol{L}}{dt} = \boldsymbol{N}} \tag{6.39}$$

で記述される（[問 6.1]を参照）．つまり，質点系の全角運動量の時間変化率は，質点系を構成する質点 i にはたらく外力 $\boldsymbol{F}_i$ のモーメント（トルク）の総和に等しいことがわかる．ここで（6.37）の $\boldsymbol{r}_i$ は慣性系で定義されているから，$\boldsymbol{L}$ も慣性系における全角運動量である．したがって，(6.39) が**慣性系における質点系の回転運動の方程式**である．

外力が存在しない系（**孤立系**という）や外力があってもそのモーメントの総和がゼロ（$\boldsymbol{N} = \boldsymbol{0}$）になる場合には，(6.39) は

$$\frac{d\boldsymbol{L}}{dt} = \boldsymbol{0} \tag{6.40}$$

となり，全角運動量 $\boldsymbol{L}$ は時間によらず一定になる．これが質点系の場合の

全角運動量保存則である．

［**問 6.1**］ 質点系の回転運動の方程式（6.39）を導け．

［**解**］ $\boldsymbol{l}_i$ の時間変化率は，（5.9）で示したように質点 i にはたらく力のモーメントに等しい．ただし，（5.9）では 1 個の質点だけを考えているから $\boldsymbol{F}$ は外力だけを表していた．質点系の場合には，質点 i には内力もはたらいているから，質点 i に対して

$$\frac{d\boldsymbol{l}_i}{dt} = \boldsymbol{r}_i \times (\boldsymbol{F}_i + \sum_{j \neq i} \boldsymbol{F}_{j \to i}) = \boldsymbol{r}_i \times \boldsymbol{F}_i + \sum_{j \neq i} (\boldsymbol{r}_i \times \boldsymbol{F}_{j \to i}) \qquad (6.41)$$

となる．この式の右辺で内力に関わる総和の部分は

$$\begin{aligned} \sum_{i=1} \{\sum_{j \neq i} (\boldsymbol{r}_i \times \boldsymbol{F}_{j \to i})\} &= \sum_{i=1} \{\boldsymbol{r}_i \times (\sum_{j \neq i} \boldsymbol{F}_{j \to i})\} \\ &= \boldsymbol{r}_1 \times (\sum_{j \neq 1} \boldsymbol{F}_{j \to 1}) + \boldsymbol{r}_2 \times (\sum_{j \neq 2} \boldsymbol{F}_{j \to 2}) + \cdots \\ &= \boldsymbol{r}_1 \times \boldsymbol{F}_{2 \to 1} + \boldsymbol{r}_2 \times \boldsymbol{F}_{1 \to 2} + \cdots \end{aligned} \qquad (6.42)$$

のように書いていくと，$\boldsymbol{r}_i \times \boldsymbol{F}_{j \to i}$ と $\boldsymbol{r}_j \times \boldsymbol{F}_{i \to j}$ が常に対で現れることがわかる．内力は $\boldsymbol{F}_{i \to j} = -\boldsymbol{F}_{j \to i}$ だから

$$\boldsymbol{r}_i \times \boldsymbol{F}_{j \to i} + \boldsymbol{r}_j \times \boldsymbol{F}_{i \to j} = (\boldsymbol{r}_i - \boldsymbol{r}_j) \times \boldsymbol{F}_{j \to i} \qquad (6.43)$$

と書くことができる．$\boldsymbol{F}_{j \to i}$ は $\boldsymbol{r}_i - \boldsymbol{r}_j$ と平行だから，それらのベクトル積はゼロである．したがって，（6.41）の i に関する総和をとって（6.37）と（6.38）を使えば，（6.39）が導ける． ☜

6.7.2 重心座標系での回転運動の方程式

慣性系で定義された（6.37）の全角運動量 $\boldsymbol{L}$ を，（6.32）と（6.33）の重心座標系における $\boldsymbol{r}_i'$ と $\boldsymbol{v}_i'$ を用いて書くと

$$\boxed{\boldsymbol{L} = \boldsymbol{L}_{\mathrm{G}} + \boldsymbol{L}'} \qquad (6.44)$$

のように，$\boldsymbol{L}_{\mathrm{G}}$ と $\boldsymbol{L}'$ の 2 つの項に分かれる．ここで

$$\boldsymbol{L}_{\mathrm{G}} = \boldsymbol{R} \times M\boldsymbol{V} = \boldsymbol{R} \times \boldsymbol{P}, \qquad \boldsymbol{L}' = \sum_i (\boldsymbol{r}_i' \times m_i \boldsymbol{v}_i') = \sum_i (\boldsymbol{r}_i' \times \boldsymbol{p}_i') \qquad (6.45)$$

である（［問 6.2］を参照）．つまり，慣性系における原点 O の周りの全角運動量 $\boldsymbol{L}$ は，原点 O の周りで重心 G が回転して作る角運動量 $\boldsymbol{L}_{\mathrm{G}}$ と重心 G の周りで質点系が回転してつくる角運動量 $\boldsymbol{L}'$ の 2 つの量に分けることができる．

全角運動量（6.44）の時間微分をとると

$$\boxed{\frac{d\boldsymbol{L}}{dt} = \frac{d\boldsymbol{L}_G}{dt} + \frac{d\boldsymbol{L}'}{dt}} \tag{6.46}$$

となり，これは

$$\frac{d\boldsymbol{L}_G}{dt} = \boldsymbol{R} \times (\sum_i \boldsymbol{F}_i) = \sum_i \boldsymbol{N}_i, \qquad \frac{d\boldsymbol{L}'}{dt} = \sum_i (\boldsymbol{r}_i' \times \boldsymbol{F}_i') = \sum_i \boldsymbol{N}_i' \tag{6.47}$$

のように，原点Oの周りの重心Gの回転運動 $\dot{\boldsymbol{L}}_G$ と，重心Gの周りの質点系の回転運動 $\dot{\boldsymbol{L}}'$ で与えられる．ただし，$\boldsymbol{F}_i' = d\boldsymbol{p}_i'/dt = m_i\, d\boldsymbol{v}_i'/dt$ である．(6.46) が**重心座標系における質点系の回転運動の方程式**を与える．

［問 6.2］（6.44）を導け．

［解］（6.37）の全角運動量 $\boldsymbol{L}$ は，重心座標系における（6.32）の相対座標 $\boldsymbol{r}_i'$ と（6.33）の相対速度 $\boldsymbol{v}_i'$ を用いれば

$$\boldsymbol{L} = \sum_i \{(\boldsymbol{R} + \boldsymbol{r}_i') \times m_i(\boldsymbol{V} + \boldsymbol{v}_i')\} = \boldsymbol{R} \times M\boldsymbol{V} + \sum_i (m_i\boldsymbol{r}_i' \times \boldsymbol{v}_i') \tag{6.48}$$

となる．ここで，条件式（6.35）により2つの交差項は消えることに注意しよう．つまり，$\sum_i (\boldsymbol{r}_i' \times m_i\boldsymbol{V}) = \sum_i (m_i\boldsymbol{r}_i' \times \boldsymbol{V}) = (\sum_i m_i\boldsymbol{r}_i') \times \boldsymbol{V} = \boldsymbol{0}$ と $\boldsymbol{R} \times (\sum_i m_i\boldsymbol{v}_i') = \boldsymbol{0}$ である．よって，(6.48) は $\boldsymbol{L} = \boldsymbol{L}_G + \boldsymbol{L}'$ となり（6.44）が導ける． ☜

例：地球の公転と自転

（6.44）を太陽の周りで公転している地球に当てはめて考えると，図6.12のように $\boldsymbol{L}'$ は地球の重心Gの周りの自転による角運動量であり，$\boldsymbol{L}_G$ は慣性系の原点Oにある太陽の周りを回る地球の公転による角運動量である．つまり，これらの和 $\boldsymbol{L}$ が，自転と公転をしている地球が太陽の周りでもつ全角運動量である．

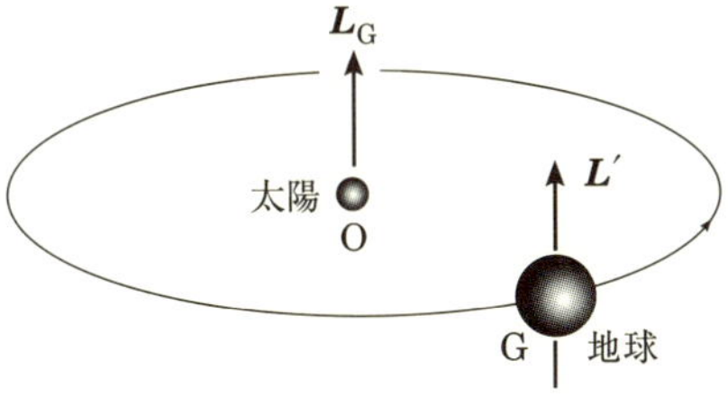

図6．12 地球の公転と自転

［例題 6.4］　図 6.13 のように 2 つの星 A（質量 m_A）と B（質量 m_B）が，万有引力で互いに引き合っている**連星**を考えよう．この連星は，相対距離 r を保ちながら，角速度 ω で重心 G の周りを円運動をしている．さらに重心 G は，連星の運動する平面内で点 O の周りに半径 R，角速度 ω_0 の円運動をしている．このとき，点 O の周りの全角運動量 L を求めよ．

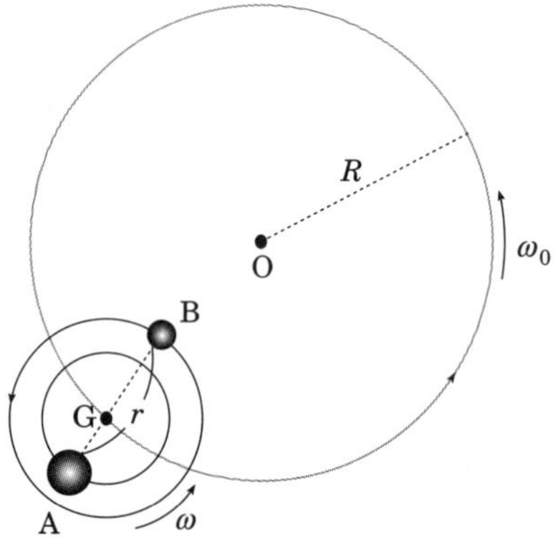

図 6.13　連星の角運動量

［解］　星 A，B と重心 G との距離をそれぞれ r_A，r_B，全質量を $M = m_A + m_B$ とすれば，$r_A = m_B r/M$，$r_B = m_A r/M$ である（(6.16) を参照）．したがって，重心 G の周りの全角運動量 L' は $L' = r_A(m_A r_A \omega) + r_B(m_B r_B \omega) = (m_A m_B / M) r^2\omega$ となる．一方，点 O の周りの重心 G の角運動量 L_G は $L_G = MR^2\omega_0$ となる．よって，点 O の周りの全角運動量 L は $L = L_G + L' = MR^2\omega_0 + (m_A m_B/M)r^2\omega$ である．

なお，(6.30) の換算質量 $1/\mu = 1/m_A + 1/m_B$ を用いれば，$m_A m_B/M = \mu$ であるから $L' = \mu r^2\omega$ と書ける．つまり，6.5 節の 2 体問題で述べたように，内力をおよぼし合っている連星の運動は，質量 μ をもった物体の 1 体運動と考えてもよいのである．（全角運動量を $L = MR^2\omega_0 + \mu r^2\omega$ と書いた方がわかりやすいかもしれない）．

演　習　問　題

[**6.1**]　速さ v_1 で水平に飛んでくる質量 m のボールをバットで打ったら，ボールは真上に高さ h だけ上がった．このときバットがボールに与えた力積ベクトルの大きさ $\tilde{F}$，およびこの力積ベクトルが水平方向となす角を θ としてその $\tan\theta$ を求めよ．

[**6.2**]　2人（AとB）が滑らかな氷の上で静止している．Aが質量 m のボールを水平速度 v で投げ，Bがこれをつかんだ．その後の2人の速度，v_A と v_B を求めよ．体重は M_A と M_B とする．

[**6.3**]　速度 $\boldsymbol{v}$ で運動してきた質量 m の小球Aが，静止している同じ質量 m の小球Bに弾性衝突した．このとき，完全な正面衝突でなければ，衝突後の小球Aの速度 $\boldsymbol{u}_1$ と小球Bの速度 $\boldsymbol{u}_2$ のスカラー積は $\boldsymbol{u}_1 \cdot \boldsymbol{u}_2 = \boldsymbol{0}$ となることを示せ．

[**6.4**]　ロケットが静止の位置から，ガスの噴射により水平（x 軸）方向に前進しているとする．時刻 t におけるロケットの質量を $m(t)$，その速度を $v(t)$ とし，dt 時間後に質量 $dm\,(<0)$ のガスが一定な速度 v' でロケットから噴出される（ガスはロケットに一定な相対速度 $U = v - v'$ で噴出する）と考えて，運動量保存則から運動方程式を導き，ロケットの速度 $v(t)$ と進んだ距離 $x(t)$ を求めよ．ただし，ロケットは単位時間当り質量 α のガスを噴出しているものとする（$dm/dt = -\alpha$）．また，初期条件は $x(0) = 0,\ v(0) = 0,\ m(0) = m_0$ とする．

[**6.5**]　(6.16) の重心の位置ベクトル $\boldsymbol{R}$ が線分を $m_2 : m_1$ に内分する点であることを示せ．

[**6.6**]　斜めに打ち上げた花火が，上空で発火していくつかの破片に分裂して飛び散った．花火の重心はどのような運動をするか述べよ．

[**6.7**]　均一な材質でできた半径 R の半球の重心を求めよ．

[**6.8**]　自由に回転する水平な円板（半径 R）を考える．いま，この円板上の直径の両端aとbにそれぞれ1名の人（AとB）が静止している．aにいるA（質量 M_A）が円周に沿って動き，bにいるB（質量 M_B）の所まで来れば，その間に円板は角 α だけ回転する．円板の質量を無視して，この回転角 α を求めよ．

第7章 剛体の運動

本章のねらい

① 固定軸の周りの剛体の回転運動を理解する．
② 剛体の慣性モーメントの概念と役割を理解する．
③ 固定点の周りの剛体の回転運動を理解する．
④ コマの歳差運動やテニスラケットの定理を理解する．

7.1 剛体のつり合いと回転

2 3 4 5 6

剛体とは，力が加えられても，まったく変形しない理想的な物体のことであり，剛体内の任意の2点間の距離は一定で不変である．剛体の運動には，剛体全体が移動する**並進運動**と固定点の周りでの**回転運動**がある．

剛体のつり合い条件

つり合いの状態とは，物体が並進運動も回転運動もしない状態のことである．このためには，まず重心の並進運動がなければよいから，重心の運動方程式（6.21）において

$$\sum_i \boldsymbol{F}_i = \boldsymbol{0} \qquad \text{（並進なし）} \tag{7.1}$$

であること，つまり，外力の総和がゼロになることである．次に，回転が起こらないためには，重心の周りの角運動量がゼロでなければならないから，(6.45) より $\boldsymbol{L}' = \boldsymbol{0}$ である．重心は $\boldsymbol{L}_{\mathrm{G}} = \boldsymbol{0}$ であるため，全角運動量 $\boldsymbol{L}$ は

$\boldsymbol{L} = \boldsymbol{L}_G + \boldsymbol{L}' = \boldsymbol{0}$ になる．したがって，回転運動の方程式（6.39）より $\boldsymbol{N} = \boldsymbol{0}$ だから，（6.38）を用いて

$$\boxed{\boldsymbol{N} = \sum_i (\boldsymbol{r}_i \times \boldsymbol{F}_i) = \boldsymbol{0} \qquad (\text{回転なし})} \tag{7.2}$$

が，回転がないための条件である．$\boldsymbol{r}_i$ の基準点（原点）は固定点ならどこにとってもよい．つまり，並進運動がないための条件（7.1）が成り立つ限り，重心に固定点をとらなくても，任意の固定点の周りで回転が起こらないための条件（7.2）が成り立てば，重心の周りの外力のモーメント（トルク）の総和はゼロになる．

つり合いの 2 つの条件（7.1）と（7.2）はどちらもベクトルの式であるから，成分に分ければ 3 つずつの式になる．一般には，この合計の 6 個の式が成り立っていることが，剛体がつり合うための条件である．

［例題 7.1］　バレエでは，図 7.1 のようにバレリーナが傾いて静止できるように，横からパートナーが支える．バレリーナには，重心 G に重力 W，床との接点 O で垂直抗力 N と静止摩擦力 F' がかかっている．パートナーが点 P でバレリーナを力 $\boldsymbol{F}$ で支えるとき，水平方向の力 F_1 は摩擦力と同じ大きさだが，鉛直方向の力 F_2 は，適当に加減できるので $F_2 = \alpha W$ とする（$0 < \alpha < 1$）．このときバレリーナと床の角度が θ のとき滑らないように支えるためには，接点 O から点 P までの距離 x は d 以上であればよい．バレリーナの身長を L，OG の距離を $L/2$，床とトゥシューズの静止摩擦係数を μ として d を求めよ．また，$L = 155\,\text{cm}$，$\theta = 30°$，$\mu = 0.3$，$\alpha = 0.6$ として具体的に d を求めよ．

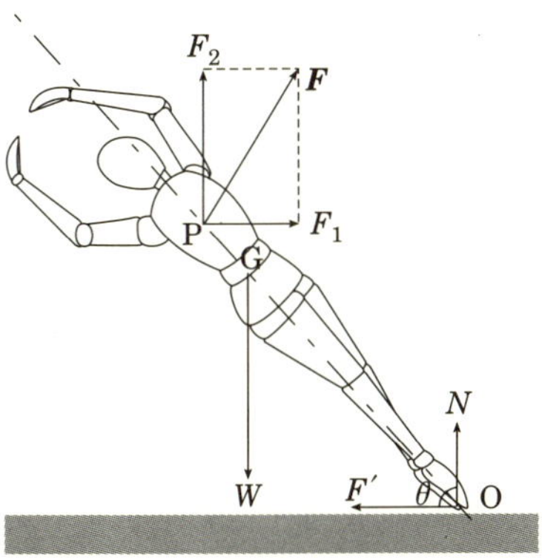

図 7.1　バレリーナの静止ポーズ

［解］　つり合いを保証する式は，並進運動に関する条件（7.1）から得られる

$$F_2 + N = W \ (\text{鉛直方向}), \qquad F_1 = F' \ (\text{水平方向}) \tag{7.3}$$

と，接点Oで回転運動に関する条件（7.2）から得られる

$$W\frac{L}{2}\cos\theta = F_2\,x\cos\theta + F_1\,x\sin\theta \qquad (7.4)$$

である．(7.3) の鉛直方向の式を (7.4) に代入して F_2 を消去し，水平方向の式で F_1 を F' に書きかえる．さらに，$F_2 = \alpha W$ を使うと (7.3) の鉛直方向の式より $N = W(1-\alpha)$ となるから

$$\frac{F'}{N} = \frac{\dfrac{L}{2} - \alpha x}{(1-\alpha)x\tan\theta} \qquad (7.5)$$

を得る．滑らない条件は $F'/N \leqq \mu$ であるから，$F' = \mu N$ のときの x が d を与える．したがって

$$d = \frac{\dfrac{L}{2}}{\alpha + \mu(1-\alpha)\tan\theta} \qquad (7.6)$$

を得る．$L = 1.55\,\mathrm{m}$，$\theta = 30°$，$\mu = 0.3$，$\alpha = 0.6$ を代入すると $d = 1.1\,\mathrm{m}$ である．つまり，この距離以上の点でバレリーナを支えれば，バレリーナは静止する．

7.2 固定軸の周りの回転運動

任意の形をした剛体が，図7.2のように固定軸（z 軸とする）の周りで回転しているとしよう．この剛体の角運動量を計算するために，剛体を細分化して i 番目の細片の質量を m_i，その細片内の1点の座標をP（x_i, y_i, z_i）とすれば，細片 i は点Pから z 軸に下した垂線の足P′を中心にして半径 $r_i = \sqrt{x_i^2 + y_i^2}$ の円周上を動くと考えてよい．

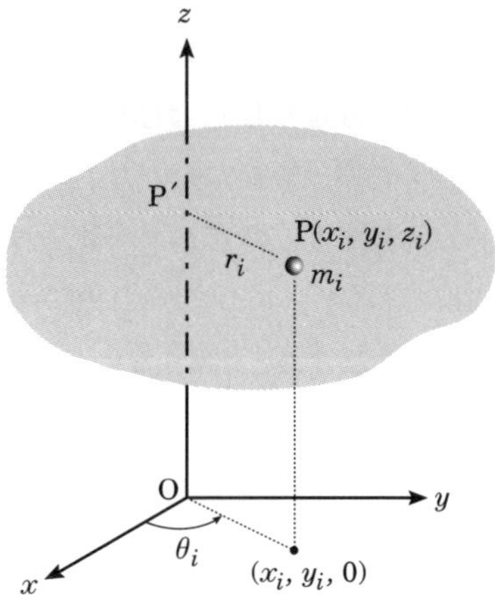

図7.2　固定軸の周りの剛体の回転

この剛体の全角運動量（6.37）の z 成分は $(\boldsymbol{l}_i)_z = (\boldsymbol{r}_i \times \boldsymbol{p}_i)_z$ より

$$L_z = \sum_i (\boldsymbol{l}_i)_z = \sum_i m_i (x_i \dot{y}_i - y_i \dot{x}_i) = \omega \{\sum_i m_i (x_i^2 + y_i^2)\} \quad (7.7)$$

と表せる．ここで，(7.7) の最右辺の表式は，円筒座標系による点Pの座標（θ_i は z 軸の周りの回転角）

$$x_i = r_i \cos\theta_i, \qquad y_i = r_i \sin\theta_i \quad (7.8)$$

を時間で微分（r_i は一定だから $\dot{r}_i = 0$）して得られる

$$\left.\begin{aligned} \dot{x}_i &= -\dot{\theta}_i r_i \sin\theta_i = -\dot{\theta}_i y_i = -\omega y_i \\ \dot{y}_i &= \dot{\theta}_i r_i \cos\theta_i = \dot{\theta}_i x_i = \omega x_i \end{aligned}\right\} \quad (7.9)$$

を3番目の表式に使って導いた．なお，(7.9) の中の $\dot{\theta}_i$ は単位時間当りの角度の変化率で1.3節で学んだ角速度という量であるが，剛体内のすべての質点で同じ値だから $\dot{\theta}_i = \omega$ とおいた．

(7.7) の最右辺の ω 以外の量は，剛体の形，質量分布，固定軸のとり方などをいったん決めれば固有の値になる物理量である．そこで，この量を

$$\boxed{I_z = \sum_i m_i (x_i^2 + y_i^2) = \sum_i m_i r_i^2} \quad (7.10)$$

と定義し，これを z 軸の周りの**慣性モーメント**とよぶ．この慣性モーメントを用いると (7.7) は簡潔に次のように書ける．

$$\boxed{L_z = I_z \omega} \quad (7.11)$$

慣性モーメントを用いた回転運動の方程式

z 軸周りの回転運動の方程式は，(7.11) を回転運動の方程式 (6.39) に代入して

$$\boxed{I_z \frac{d\omega}{dt} = I_z \frac{d^2\theta}{dt^2} = N_z = \sum_i (x_i F_{iy} - y_i F_{ix})} \quad (7.12)$$

となる．ここで，2番目の式には $\omega = d\theta/dt$ を使った．また，F_{ix} と F_{iy} は (6.38)の力 $\boldsymbol{F}_i$ の x と y 成分である．

慣性モーメントを用いた回転運動の運動エネルギー

z 軸の周りの回転による剛体の運動エネルギー K_R は，質点 i の速さ $v_i =$

ωr_i を用いて $m_i v_i^2/2$ の和を計算すればよいから次のようになる．

$$K_R = \frac{1}{2}\left(\sum_i m_i r_i^2\right)\omega^2 = \frac{1}{2} I_z \omega^2 \tag{7.13}$$

1次元の直線運動と回転運動との類似性

固定軸の周りの回転運動を表す方程式（7.12）は回転角 θ だけで決まるから，自由度1の1次元運動である．この意味で，質点の1次元の直線運動を記述する次の方程式に似ている．

$$m\frac{d^2x}{dt^2} = F_x \tag{7.14}$$

この2つの式を比べると，慣性モーメントの物理的意味がはっきりする．運動方程式（7.12）と（7.14）を比較すると

$$\boxed{x \leftrightarrow \theta \qquad F_x \leftrightarrow N_z \qquad m \leftrightarrow I_z} \tag{7.15}$$

という対応関係がある．直線運動を起こす力 F_x には回転運動を起こす力 N_z が対応し，質量（慣性質量）m には慣性モーメント I_z が対応している．すなわち，質量の性質と同様な性質が慣性モーメントにあることがわかる．力のモーメント N_z が同じであれば，慣性モーメント I_z が大きいほど回転の角加速度 $d^2\theta/dt^2$ は小さくなるから，慣性モーメントが大きい物体ほど回転速度が変化しにくい．この意味で，慣性モーメントは回転運動に対する慣性の大きさを表す量である．ただ忘れてならないことは，質量は質点に固有の量で常に一定であるが，慣性モーメントの値は剛体の回転軸の選び方によって変わることである．（両者の類似性を表7.1に示す．）

表7.1　z 軸周りの回転運動と直線運動の類似性

直線運動		回転運動	
変位	x	回転角	θ
速度	$v = \dot{x}$	角速度	$\omega = \dot{\theta}$
質量	m	慣性モーメント	I_z
運動量	$p_x = mv$	角運動量	$L_z = I_z\omega$
力	F_x	力のモーメント	N_z
運動方程式	$\dot{p} = F_x$	運動方程式	$\dot{L}_z = N_z$
運動エネルギー	$\frac{1}{2}mv^2$	運動エネルギー	$\frac{1}{2}I_z\omega^2$

［例題 7.2］　図 7.3 のような任意の形の剛体が，重心 G を通らない水平軸の周りで，重力を受けて振動しているものを**実体振り子**という．重心から回転軸（振り子の支点 O）までの距離を h，剛体の質量を M，慣性モーメントを I として振動の周期 T を求めよ．

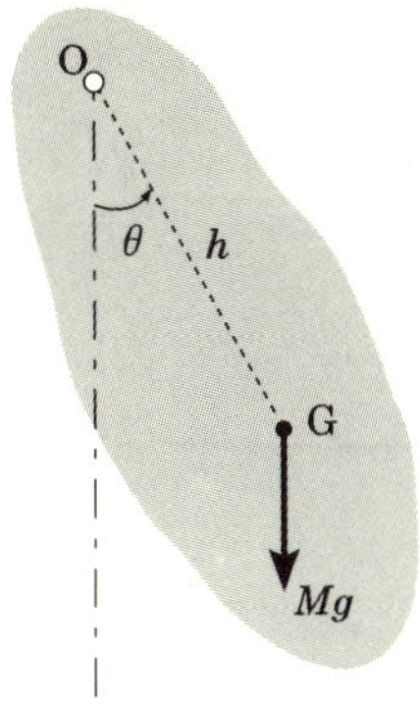

図 7.3　実体振り子

［解］　角度 θ を図 7.3 のように支点 O を通る水平な回転軸（z 軸とする）に対して反時計回りに測ると，重力のモーメントは $N_z = -Mgh\sin\theta$ である．いま，微小振動を考えれば $\sin\theta \approx \theta$ とおけるので，回転運動の方程式 (7.12) は $d^2\theta/dt^2 = -(Mgh/I)\,\theta$ となる．ここで，$\omega^2 = Mgh/I$ とおけば単振り子 (4.21) と同じ形だから，周期 T は

$$T = \frac{2\pi}{\omega} = 2\pi\sqrt{\frac{I}{Mgh}} \tag{7.16}$$

となる．これを単振動の周期 (4.22) と比べると，実体振り子は，長さ $l = I/Mh$ の単振り子と同じ運動をすることがわかる．この実体振り子の簡単なモデルが**ボルダの振り子**とよばれるものである．☜

7.3 慣性モーメントの計算

すでに述べたように，慣性モーメントは慣性質量と似た性質をもっているから，慣性モーメントが大きいほど，回転状態は変化しにくい．例えば，レコードプレーヤーのターンテーブルは，レコードを安定した一定の回転状態に保つために慣性モーメントが大きくなるように工夫された装置である．

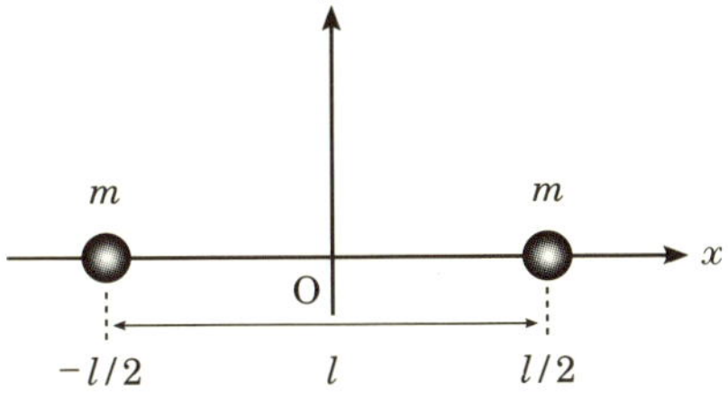

図 7.4　回転子の慣性モーメント

次に，図 7.4 を例に具体的に慣性モーメントを計算してみよう．

［例題 7.3］ 図 7.4 のように長さ l の軽い棒の両端に質量 m の質点を付けたものを回転子という．この回転子の z 軸周りの慣性モーメント I_z を求めよ．

［解］ 棒を x 軸に一致させ，棒の中点を原点 O に選ぶ．慣性モーメント (7.10) に $x_1 = l/2$，$x_2 = -l/2$，$m_1 = m_2 = m$ を代入すると

$$I_z = m_1 x_1{}^2 + m_2 x_2{}^2 = m\left(\frac{l}{2}\right)^2 + m\left(\frac{-l}{2}\right)^2 = \frac{1}{2}ml^2 \qquad (7.17)$$

となる．なお，この回転子は 2 原子分子のモデルとしても使われている．☜

連続体の慣性モーメント

普通の剛体は質量が連続的に分布している連続体であるから，慣性モーメントを計算するときには，(7.10) の和を積分に変えなければならない．剛体を微小な体積 dV の細片に分けると，細片 i の質量 dm は剛体の密度を ρ とすると $dm = \rho\, dV$ であるから

$$I_z = \int (x^2 + y^2)\, dm = \int (x^2 + y^2)\, \rho\, dV = \iiint \rho\, (x^2 + y^2)\, dx\, dy\, dz \qquad (7.18)$$

となる．この積分を**多重積分**という．慣性モーメントの計算は多重積分の演習問題と見なせるから，数学の学習程度によっては，いますぐに理解できなくてもよい．ここでは簡単な形状ではあるが，実用上役立つ例をいくつか紹介する（演習問題［7.7］を参照）．

［例題 7.4］ 図 7.5 のように質量 M，長さ l の一様な細い棒を考える．この棒の左端から距離 a の点 O を通って棒に垂直な z 軸の周りの慣性モーメント I_z を求めよ．

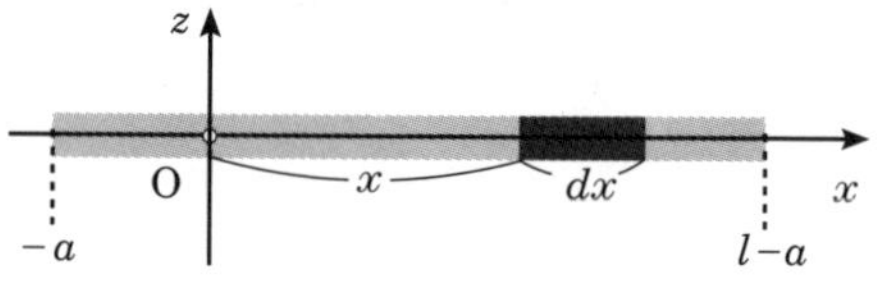

図 7.5　棒の慣性モーメント

［解］ 棒に沿って x 軸をとり，点 O を原点とする．棒の線密度（単位長さ当りの質量）ρ は $\rho = M/l$ であるから，dx 部分の質量 dm は $dm = \rho\, dx$ である．これを (7.18) に代入し，$y = 0$ に注意すれば

$$I_z = \int x^2\, dm = \int_{-a}^{l-a} \rho x^2\, dx = \int_{-a}^{l-a} \frac{M}{l} x^2\, dx = \frac{M}{3}(l^2 - 3la + 3a^2) \qquad (7.19)$$

となる．特に，$a = l/2$ ならば $I_z = Ml^2/12$，$a = l$（または $a = 0$）ならば $I_z = Ml^2/3$ である． ☜

［例題 7.5］ 図 7.6 のように質量 M，半径 a の一様な薄い円板を考える．

円板の中心を通り，円板に垂直な z 軸の周りの慣性モーメント I_z を求めよ．

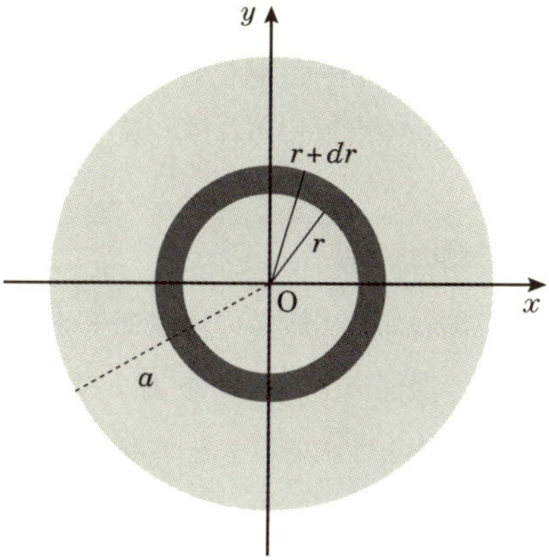

図 7.6　円板の慣性モーメント

［解］　この円板の面密度（単位面積当りの質量）ρ は $\rho = M/\pi a^2$ である．いま，円板の中に半径が r と $r + dr$ の同心円で区切った円環を考える．この質量 dm は $dm = (2\pi r\, dr)\rho$ であるから，(7.18) に $x^2 + y^2 = r^2$ を使って

$$I_z = \int r^2\, dm = 2\pi\rho \int_0^a r^3\, dr = \frac{1}{2} Ma^2 \qquad (7.20)$$

となる．この結果は薄い円板だけではなく，円筒でもそのまま使える． ☜

次に，(7.10) を利用して，２つの重要な定理を導くことにする．

垂直軸の定理

図 7.7 のような xy 平面内の薄い板状剛体の１点（原点 O とする）を通り，これに垂直な z 軸の周りの慣性モーメント I_z は，原点 O を通って板の面内にある x 軸と y 軸の周りの慣性モーメント I_x と I_y の和に等しい．

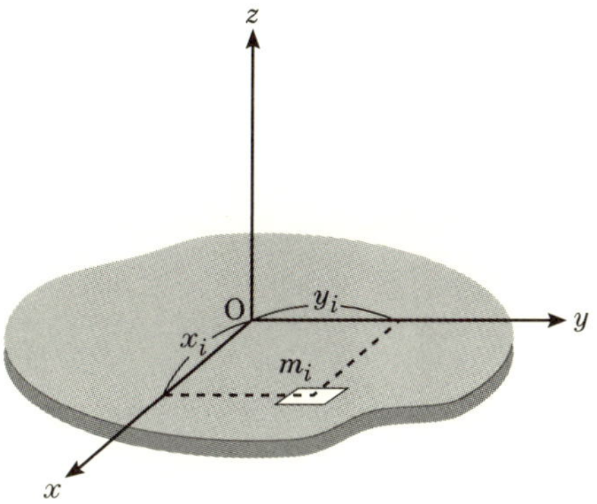

図 7.7　垂直軸の定理

$$\boxed{I_z = I_x + I_y} \tag{7.21}$$

［証明］ z 軸周りの慣性モーメント I_z は，(7.10) より $I_z = \sum_i m_i x_i^2 + \sum_i m_i y_i^2$ であるが，右辺は $I_x = \sum_i m_i y_i^2$, $I_y = \sum_i m_i x_i^2$ の和であるから (7.21) を得る．なお，図 7.6 の円板であれば，$I_x = I_y = I_z/2$ となる．

平行軸の定理

1 つの軸の周りの剛体の慣性モーメントを I，この軸に平行で重心を通る軸の周りの慣性モーメントを I_G とする．このとき剛体の質量を M，2 つの軸の距離を λ とすると，I と I_G の間には次の関係が成り立つ．

$$\boxed{I = I_G + M\lambda^2} \tag{7.22}$$

［証明］ 質量 m_i の質点 P の位置は，原点 O からは (x_i, y_i, z_i)，重心 G からは (x_i', y_i', z_i') とする．よって，2 つの慣性モーメントは

$$\left.\begin{aligned} I &= \sum_i m_i (x_i^2 + y_i^2) \\ I_G &= \sum_i m_i (x_i'^2 + y_i'^2) \end{aligned}\right\} \tag{7.23}$$

である．重心の座標を (x_G, y_G, z_G) とすれば，$x_i = x_G + x_i'$ と $y_i = y_G + y_i'$ であるから，これらを (7.23) の I の右辺に代入すると

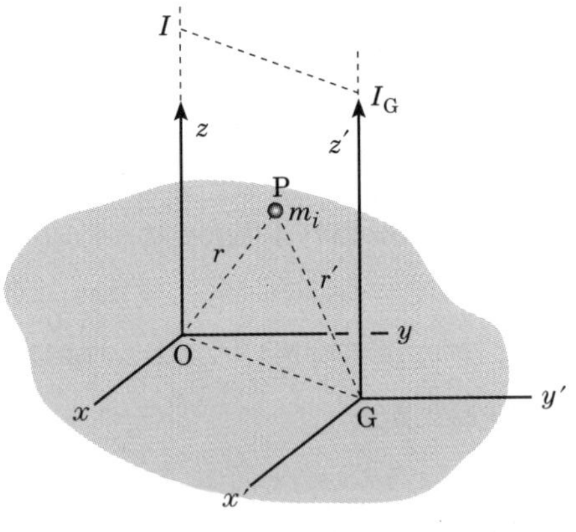

図7.8 平行軸の定理

$$\begin{aligned} I &= \sum_i m_i \{(x_G + x_i')^2 + (y_G + y_i')^2\} \\ &= \sum_i m_i (x_G^2 + y_G^2) + 2x_G \sum_i m_i x_i' + 2y_G \sum_i m_i y_i' + \sum_i m_i (x_i'^2 + y_i'^2) \end{aligned} \tag{7.24}$$

となる．条件式 (6.35) を成分で書けば $\sum_i m_i x_i' = 0$ と $\sum_i m_i y_i' = 0$ であるから，$x_G^2 + y_G^2 = \lambda^2$ より (7.22) を得る．

普通は I_G の方が I より計算しやすいから，この定理は便利である．このため，I_G は重要な量である．

実は慣性モーメントの計算よりも，その概念を理解して問題を解くことの方が大切である．したがって，次節では慣性モーメントは与えられたものとして具体的な問題を考える．

7.4 剛体の平面運動

剛体の運動を記述する独立な座標値の数（自由度）が多くなるにつれて，取扱いは当然難しくなる．固定軸の周りの回転運動の場合には，運動は回転角だけで決まるから，自由度は1であった．このような固定軸の制限をとって，例えば円柱のような剛体が斜面を転がり落ちる運動を考えてみよう．

この円柱の重心の運動が図7.9のような斜面に垂直な仮想的平面A内に限定されていれば，剛体を構成するすべての質点も平面Aに平行な平面内で運動する．このような運動を**平面運動**という．言いかえれば，重心が常に1つの平面で運動し，回転軸がこの平面に常に垂直になっている運動である．このとき，剛体の運動は重心の並進運動と重心の周りの回転運動に分けることができる．つまり，重心座標 $\boldsymbol{R}=(X, Y)$ と回転角 θ だけで記述できるから自由度3の運動になる．なお，3次元空間内を自由に運動する剛体の自由度は6なので，この場合の運動の記述はかなり複雑になる．

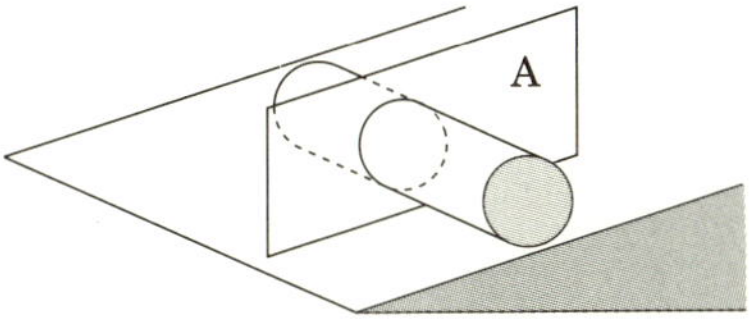

図7.9 平面運動

上のような平面運動を記述するのに必要な式は，重心の並進運動（6.21）と回転運動（6.39）で次のように与えられる．

$$M\frac{d\boldsymbol{V}}{dt} = M\frac{d^2\boldsymbol{R}}{dt^2} = \sum_i \boldsymbol{F}_i \quad (\text{並進}), \qquad \frac{d\boldsymbol{L}}{dt} = \boldsymbol{N} \quad (\text{回転}) \tag{7.25}$$

7.4.1 ビリヤード

平面運動の例として，図7.10のようにテーブルの上に置かれた球を棒（キューという）で水平に突いて転がすビリヤードを考える．棒で球を強く突けば，球はスーと滑ってその後で回転を始める場合もあれば，初めから滑らずに転がっていく場合もある．棒で球のどの位置を突けばどのような運動をするかを理解しておけば，ビリヤード競技をより楽しむことができるだろう．

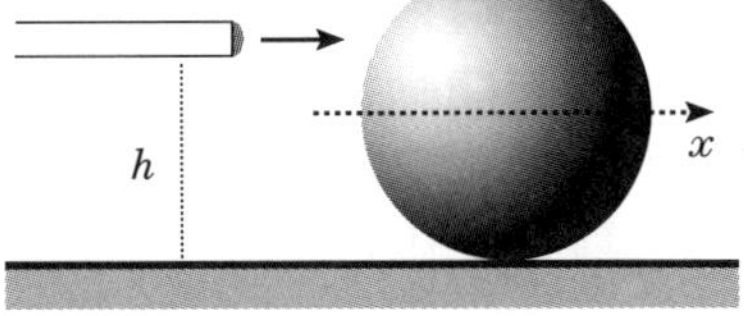

図7.10 ビリヤード

運動方程式（7.25）を使うと，例えば，半径 a の球を滑らせずに回転運動だけをさせるためには，テーブルからの高さ h が

$$h = \frac{7}{5}a \tag{7.26}$$

の点，つまり球の中心から $(2/5)\,a$ だけ上の点を突けばよいことがわかる（[問7.1]を参照）．

[問7.1] 球の中心を含む鉛直面内で，キューで突く向きを x 軸の正方向にとり，z 軸はこの面に垂直にとる．このような座標軸のもとで（7.26）を導け．

[解] これは撃力による剛体の平面運動だから，力積を考えた方が便利である．時刻0で静止していた質量 M の球に微小時間 t だけ x 方向に力 F がはたらいたとすると，(7.25) の並進運動の方程式を $F\,dt = M\,dV$ と書いて両辺を積分すれば，

$$\int_0^t F\,dt = \int_0^V M\,dV = MV \tag{7.27}$$

を得る．ここで V は突いた直後の球の重心がもつ x 方向の速度である．

次に，球は中心軸（z 軸に平行）の周りに回転するとして，(7.25) を $\boldsymbol{N}$ の

z 成分に対して $N_z\,dt = dL_z$ と書き，時刻 0 から t まで積分すれば

$$\int_0^t N_z\,dt = \int_0^{L_z} dL_z = L_z \tag{7.28}$$

を得る．最左辺は力のモーメントの時間積分で，これを**角力積**（かくりきせき）という．高さ h の点を力 F で突くから，半径 a の球の重心周りの力のモーメントの大きさは $N_z = (h-a)F$ である．この N_z を（7.28）の左辺に代入し，最右辺が $L_z = I_z\omega$ であることに注意すれば

$$\omega = \frac{h-a}{I_z}\int_0^t F\,dt \tag{7.29}$$

を得る．

（7.29）の右辺の力積部分は（7.27）より MV であるから，球の慣性モーメント $I_z = (2/5)Ma^2$（演習問題［7.7］）を使えば，$\omega = 5V(h-a)/2a^2$ を得る．球は，テーブルとの接触点で進行方向とは逆向きの回転速度 $a\omega$ をもっているから，テーブルとの接触点における球の速度 U は

$$U = V - a\omega = \frac{7a-5h}{2a}V \tag{7.30}$$

である．したがって，$U=0$ ならば球は滑らずに転がるから（7.26）を得る．つまり，球を水平に突く場合，球の中心から $(2/5)a$ だけ上を狙えば，滑らせずに転がすことができる． ☜

ビリヤードで競技するとき，初めにつく白球を手球（てだま）という．棒で手球をつく位置（撞点（どうてん）という）が $h > (7/5)a$ の場合は回転の方が速いので，摩擦力は回転を減速させる向きにはたらく．したがって，直進運動を助ける向きに摩擦力ははたらく．このように手球の上部を突いた球を**押し球**という．一方，$h < (7/5)a$ の場合は，滑りの摩擦力は球の進行を減速させて回転を加速する．このように手球の下部を突いた球を**引き球**という．

7.4.2 斜面を落下する剛体

図 7.11 のように，斜面の上から同じ質量，同じ半径の球と円柱を転がり落としたとき，球の方が円柱よりも速く落ちてくる．また，液体が入った普通の缶ジュー

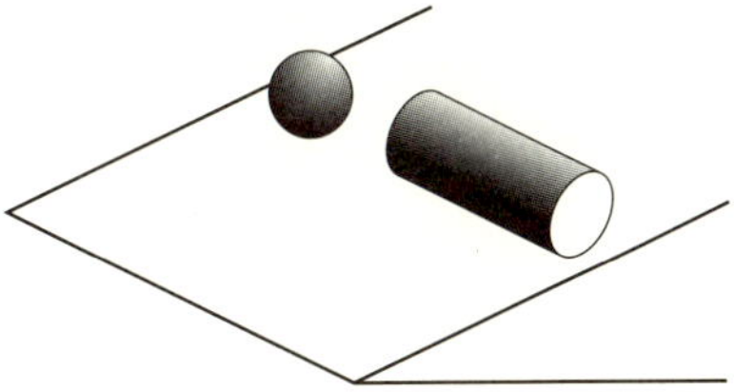

図 7.11 斜面を転がる円柱と球

スと中身を凍らせた缶ジュースとを斜面上から同じように転がり落としたら，普通の缶ジュースの方が速く落ちる．あるいは，生卵とゆで卵で同じ実験をしたら生卵の方が速く落ちる．このような落下の速さの違いは，どこから生じてくるのだろうか．その理由を考えていこう．

図7.12のように傾角 θ の斜面を滑らずに転がり落ちる質量 M，半径 a の球にはたらく力は，鉛直下方に重力 Mg，斜面との接点で斜面上方に摩擦力 F，斜面からの垂直抗力 R の3つである．斜面に沿って下向きに x 軸，これに垂直に y 軸をとる．球の中心の運動方程式は，重心の座標を (X, Y) とすれば (7.25) の並進運動の方程式から

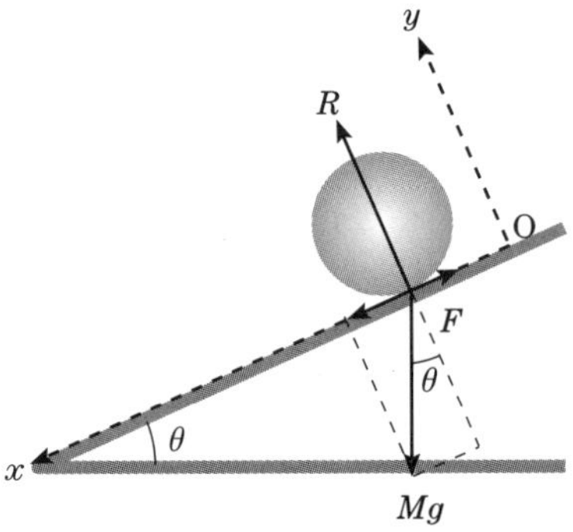

図7.12　斜面を転がる球の運動

$$M\ddot{X} = Mg\sin\theta - F, \qquad M\ddot{Y} = R - Mg\cos\theta \qquad (7.31)$$

となる．

重心の周りの回転運動の方程式は，回転の角速度を ω，重心を通る軸の周りの慣性モーメントを I_G とすれば，角運動量は $L = I_G\omega$，また重心周りの力のモーメントは $N = aF$ であるから，回転運動の方程式 (7.12) より

$$I_G\,\dot{\omega} = aF \qquad (7.32)$$

となる．いま考えている問題には，未知数として X, Y, ω, F, R の5つが入っている．球は y 方向には運動しないから，(7.31) の Y の式は，$\ddot{Y} = 0$（なぜなら $Y = a$）であり，R も $R = Mg\cos\theta$ のように決まる．しかし，残りの3つの未知数 X, ω, F に対しては，独立な方程式は (7.31) の X の式と (7.32) の2つだけだから，解を求めることはできない．そのため，これに斜面と球が滑り合う状態を表す方程式が必要になる．

いま，球が斜面を滑らずに転がる場合には，ビリヤードの話のところで考えたように接触点での速度 (7.30) は $U = 0$ でなければならないから，

重心の速度 V は

$$\dot{X} = V = a\omega \qquad (7.33)$$

という関係を満たす．これの時間微分 $\ddot{X} = a\dot{\omega}$ を用いて，(7.32) の $\dot{\omega}$ を消去すれば，摩擦力は $F = I_{\mathrm{G}}\ddot{X}/a^2$ となる．この F を (7.31) の x 方向の運動方程式に代入して変形すれば，$(1 + I_{\mathrm{G}}/Ma^2)M\ddot{X} = Mg\sin\theta$ となるので，剛体の重心の加速度 A は次のようになる．

$$A = \ddot{X} = \beta g \sin\theta \qquad \left(\beta = \frac{1}{1 + \dfrac{I_{\mathrm{G}}}{Ma^2}}\right) \qquad (7.34)$$

係数 β は $\beta < 1$ であるから，加速度 A は仮に剛体の代りに質点を置いた場合にそれがもつ加速度 $g\sin\theta$ より小さくなることがわかる．言いかえれば $\beta = 1$ となるのは $I_{\mathrm{G}} = 0$ であるから，慣性モーメントをもたない場合である．つまり，物体の拡がりがなければ慣性モーメントを定義できないから，まさに $I_{\mathrm{G}} = 0$ は質点の状態に対応しており矛盾はない．また，β は慣性モーメントが大きいほど小さくなるから，慣性モーメントが大きい物体ほど，ゆっくり落ちてくることがわかる．したがって，円柱の方が球よりも慣性モーメントは大きいために，図 7.11 で話したような落下の速さの違いが生じるのである（演習問題［7.1］を参照）．

生卵や液体の入った缶ジュースは，回転させても殻や容器と同じ角速度で中身は回転しないから，固体状のゆで卵や凍った缶ジュースよりも角運動量は小さくなる．その結果，生卵などの慣性モーメントは実質的に小さくなり，速く落ちるのである．斜面上で転がすだけで，卵を割らなくても生卵とゆで卵を区別できるのは面白い．

7.4.3　力学的エネルギーに基づく考察

前項での加速度 A は (7.34) から一定であることがわかる．したがって，時刻 t における重心の速さ V と位置 X は (2.15) と (2.17) から

$$V(t) = At + V_0, \qquad X(t) = \frac{1}{2}At^2 + V_0 t + X_0 \tag{7.35}$$

である．剛体がもつ加速度 $A = \beta g \sin\theta$ は質点の場合の加速度 $g\sin\theta$ に比べて小さいから，斜面を転がり落ちる剛体が初めにもっていたポテンシャルエネルギーを落下とともにどのように運動エネルギーに変えていくかを調べることは面白いだろう．そこで，剛体が X_0 から X まで斜面を転がり落ちる間に，剛体のポテンシャルエネルギー U，並進運動の運動エネルギー K_T，回転運動の運動エネルギー K_R がそれぞれどのように変化するかを計算してみる．

ポテンシャルエネルギー U

剛体は X_0 から X まで斜面上を転がり落ちるから，高さ h は

$$h = (X - X_0)\sin\theta \tag{7.36}$$

だけ下がったことになる．このため，剛体のもつポテンシャルエネルギー U は次の $\varDelta U$ だけ減少することになる．

$$\varDelta U = Mgh \tag{7.37}$$

並進運動の運動エネルギー K_T

並進運動の運動エネルギーは，(7.35) を用いて

$$K_T(t) = \frac{1}{2}M\,V^2(t) = \frac{1}{2}M(At + V_0)^2 = (X - X_0)MA + \frac{1}{2}MV_0^2 \tag{7.38}$$

となる．$t = 0$ で X_0 にあった速度 V_0 の重心が時刻 t で X まで達したとき，重心の運動エネルギーの増加量は $K_T(t)$ と $K_T(0)$ との差 $\varDelta K_T = K_T(t) - K_T(0)$ で与えられるから次のようになる．

$$\varDelta K_T = \frac{1}{2}MV^2(t) - \frac{1}{2}MV_0^2 = (X - X_0)MA \tag{7.39}$$

これを (7.34)，(7.36)，(7.37) を用いて書けば次の結果を得る．

$$\varDelta K_T = (X - X_0)M\beta g\sin\theta = \beta Mgh = \beta\,\varDelta U \tag{7.40}$$

回転運動の運動エネルギー K_R

重心の周りの回転運動の運動エネルギー (7.13) を重心の速度 (7.33) の

V で $K_R(t) = I_z\,\omega^2/2 = I_z\{V^2(t)/a^2\}/2$ のように書きかえると，回転運動の運動エネルギーの増加量 $\varDelta K_R = K_R(t) - K_R(0)$ は

$$\varDelta K_R = \frac{1}{2}I_z\left\{\frac{V^2(t)}{a^2} - \frac{V_0^2}{a^2}\right\} = \frac{I_z}{Ma^2}\frac{M}{2}\{V^2(t) - V_0^2\} = \frac{I_z}{Ma^2}\varDelta K_T \tag{7.41}$$

である（ただし，$V_0 = \omega(0)a$）．ここで，(7.34) の $I_G/Ma^2 = 1/\beta - 1$ と (7.40) を用いれば（ただし $I_z = I_G$），(7.41) は次のようになる．

$$\varDelta K_R = \left(\frac{1}{\beta} - 1\right)\beta\,\varDelta U = (1 - \beta)\varDelta U \tag{7.42}$$

力学的エネルギーの保存

(7.40) より，ポテンシャルエネルギー (7.37) が並進運動の運動エネルギーにすべて変わっていないことがわかる．ここが，質点の場合と本質的に異なる重要なポイントである．

一見，質点の力学で学んだ力学的エネルギー保存則が成り立っていないようにみえるが，回転の運動エネルギー (7.42) まで加えると

$$\varDelta K_T + \varDelta K_R = \beta\,\varDelta U + (1 - \beta)\,\varDelta U = \varDelta U \tag{7.43}$$

のように，この保存則は厳密に成り立つ．つまり，質点と異なり，大きさをもつ剛体は回転運動を行うので，$\varDelta K_R$ だけ内部運動のエネルギーに使われていたのである（演習問題［7.6］を参照）．

7.5 いろいろな回転運動

回転運動は，力のモーメント（トルク）$\boldsymbol{N}$ が与えられると，その後の運動は方程式 (6.39) によって記述される．トルクとは ねじる力のことであるが，いま，このトルク $\boldsymbol{N}$ が偶力の場合を考えよう．**偶力**（ぐうりょく）とは，図 7.13 に示すように互いに大きさが等しく，向きが反対の平行な一対（つい）の力（$\boldsymbol{F}$ と

$-\boldsymbol{F}$）のことである．点Oの周りの偶力（$\boldsymbol{F}$ と $-\boldsymbol{F}$）のモーメントの和は $N = Fl_1 - Fl_2 = F(l_1 - l_2) = Fh$ である．ここで，h は2つの力の作用線の間の距離である．したがって，偶力を受ける物体は，回転運動だけが起こることになる．

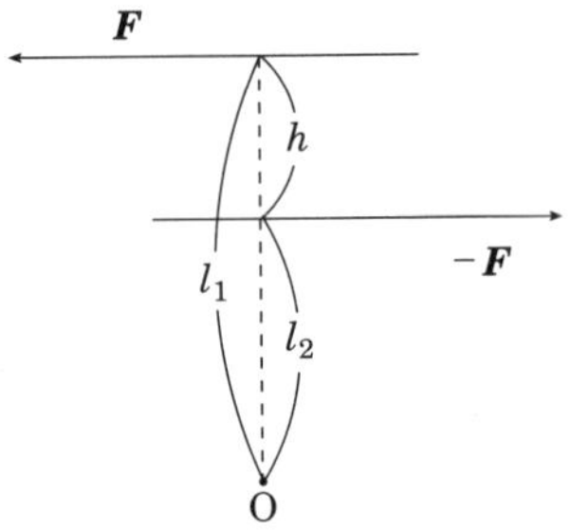

図7.13　偶力

7.5.1　バレエやスケートの回転運動

偶力を利用した動きはいろいろあるが，例えば，バレエダンサーがピルエット（片足で立って，身体を1回転以上すること）を開始するとき，両足でそれぞれ反対方向に床を押すときの力が偶力である．あるいは，バレリーナがパートナーにサポートされてピルエットを始めるとき，パートナーが両手で女性の胴体を回す力も偶力である．また，フィギュア・スケーターが氷上で高速スピンを始めるときには，スケート靴の刃で強い偶力が生まれるような姿勢をとる．

［例題 7.6］　フィギュア・スケーターが回転を始めるときは，スケート靴の金属の刃に対して氷が偶力を作用させるようにしなければならない．この偶力のモーメント $\boldsymbol{N}$ は鉛直方向を向いている．スケーターの回転運動は $d\boldsymbol{L}/dt = \boldsymbol{N}$ で決まる．この式を用いてスケーターが靴のつま先で立ち，左右に大きく広げていた腕を縮めて腰か胸にもってくると，回転の角速度が大きくなることを示せ．

［解］　回転を始めた直後に，スケーターが靴のつま先で立つと，氷面からの抵抗力が靴のつま先におよぼす偶力のモーメントは小さいので $\boldsymbol{N} \approx \boldsymbol{0}$ としてよい．このため，$d\boldsymbol{L}/dt = \boldsymbol{0}$ より $|\boldsymbol{L}| = I\omega = (\sum_i r_i{}^2 m_i)\,\omega$ が一定，つまり，スケーターの角運動量の大きさ $L = I\omega$ は一定である．スケーターが広げていた腕を縮めて，身体の回転軸からの動径距離 r を減少させると，慣性モーメント I は小さくなる．この結果，角速度は $\omega = L/I$ によって増加して高速スピンが可能になるのである．なお，スケーターの高速スピンは，慣性モーメントなどを用いずに，第5章の角運動量保存則（面積の定理）を使って簡単に解釈してもよい．しかし，より

詳細な議論やスケートのモデルを考えるときには，慣性モーメントを考慮しなければならない．☜

バレエのピルエットの場合には，トルクを大きくしなければならない．バレリーナの回転は，トルクを小さくして角運動量保存則を利用するスケーターのスピンとは違って，トルクを与えることによって持続できるのである．バレエの舞台の床には滑らないようにリノリウム（樹脂製や塩ビ製のマット）が敷いてある．また，バレリーナはレッスン場でトゥシューズの底に松ヤニを塗って，摩擦抵抗を大きくして練習をする．

安定した回転を得るためにはどのような姿勢をとればよいか，脚の角度の適切な値はいくらであるかなどを理論的に計算することは面白い問題である．このためには，身体の腕，脚，胴，頭などを大小さまざまな円柱や球などでモデル化して慣性モーメントを求めて，重心の周りでのつり合いの式や回転の運動方程式を解く必要がある．

7.5.2 コマの運動

コマを高速で回して，コマの回転軸の下端（支点）でテーブルの上にまっすぐに立てると，そのまま静かに回り続ける（**ねむりゴマ**とよばれる状態）．ところが，軸を少し傾けると回転軸は鉛直線と一定の角を保ちながら，図7.14のように軸の上端がゆっくりと円を描くような運動をする．これを**歳差**（さいさ）**運動**，または**みそすり運動**という．

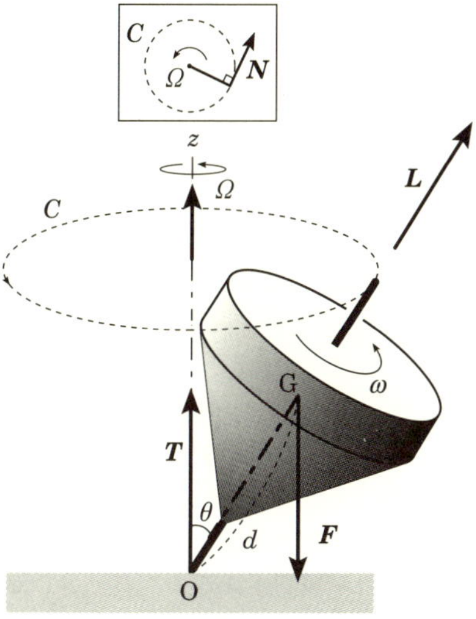

図7.14 歳差運動するコマ

いま，角運動量 $\boldsymbol{L}$ をもったコマの回転軸が鉛直線（z 軸とする）から一定の角 θ だけ傾いて歳差運動しているとしよう．コマにはたらく外力は，重心 G にはたらく重力 $\boldsymbol{F}$（大きさは Mg）と支点 O に鉛直上向きの垂直抗力 $\boldsymbol{T}$ であるが，これらの力は大きさが同じで向きが逆なので図 7.13 と同じ偶力になっている．重心 G と支点 O との距離を d とし，コマの慣性モーメントを I，回転軸の角速度を ω とすれば，角運動量は $L = I\omega$ であるから，歳差運動の角速度 Ω は

$$\boxed{\Omega = \frac{Mgd}{L} = \frac{Mgd}{I\omega}} \tag{7.44}$$

となり，Ω は ω に反比例する（[問 7.2] を参照）．したがって，コマの回転が速いほど歳差運動はゆっくり起こることがわかる．

[問 7.2] 歳差運動の角速度（7.44）を導け．

[解] 偶力による支点 O の周りの力のモーメント $\boldsymbol{N}$ は $\boldsymbol{N} = \overrightarrow{\mathrm{OG}} \times \boldsymbol{F}$ であり，その大きさ N は

$$N = Mgd\sin\theta \tag{7.45}$$

である．ベクトル積の定義から $\boldsymbol{N}$ の方向は水平面内にあり，角運動量 $\boldsymbol{L}$ と垂直である．つまり，図 7.14 の円 C に $\boldsymbol{N}$ は接している．

$\boldsymbol{L}$ と $\boldsymbol{N}$ は直交（$\boldsymbol{L}\cdot\boldsymbol{N} = 0$），$d\boldsymbol{L}$ と $\boldsymbol{N}$ は平行なので $|\boldsymbol{L}|$ は変化せず（$\boldsymbol{L}\cdot d\boldsymbol{L} = 0$ より $|\boldsymbol{L}(t+dt)| = \sqrt{\boldsymbol{L}^2(t) + 2\boldsymbol{L}\cdot d\boldsymbol{L} + (d\boldsymbol{L})^2} = |\boldsymbol{L}(t)|$．ただし，$(d\boldsymbol{L})^2 \approx 0$ とする），図 7.15 のように $\boldsymbol{L}$ の先端が水平面 S 内で半径 $L\sin\theta$ の円を描く．この歳差運動の角速度を Ω とすれば，微小時間 dt の間に進む円弧 dL は

$$dL = (L\sin\theta)(\Omega\,dt) \tag{7.46}$$

である．一方，(6.39) と (7.45) より

$$dL = (Mgd\sin\theta)\,dt \tag{7.47}$$

となるので (7.46) から (7.44) を得る．したがって，コマを反時計回りに回して，上方からコマの動きを見れば，コマの上端は z 軸を中心に角速度 Ω で反時計回りに等速円運動しながら歳差運動を続けるのが観測される． ☜

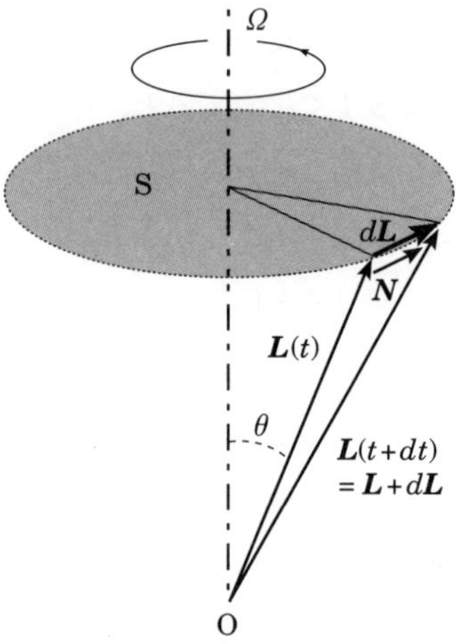

図 7.15 コマの $\boldsymbol{L}$ と $\boldsymbol{N}$

なお，コマの角運動量ベクトル $\boldsymbol{L}$ について一つ注意しておく．Ω を求めるために，コマの角速度ベクトルを $\boldsymbol{\omega}$ として計算してきたが，実際には歳差運動のためにコマが z 軸の周りにもつ角速度ベクトル $\boldsymbol{\Omega}$ 自体も考慮しなければならない．つまり，厳密にはコマの角速度ベクトルは $\boldsymbol{\omega}+\boldsymbol{\Omega}$ で角運動量は $\boldsymbol{L}=I(\boldsymbol{\omega}+\boldsymbol{\Omega})$ である．ここでの計算は，コマが高速で回っている（$\omega \gg \Omega$）と仮定して $\boldsymbol{L}=I\boldsymbol{\omega}$ とおいたのである．このために，(7.44) はコマの回転軸と z 軸のなす角 θ に依存しない．

ジャイロスコープ効果

高速で回転しているコマは重力がはたらいても倒れずに，重力に対して垂直な方向に回転軸が移動し，歳差運動を行う．これを**ジャイロスコープ効果**という．

特に，コマの支点が重心と一致するように作られた器械を**ジャイロスコープ**という．この仕組みによって重力による力のモーメントがゼロになるため，角運動量が保存され，回転軸の方向は支持体の動きとは無関係に一定になる．この性質を利用して作られたジャイロコンパスが船舶や航空機の方位指示に用いられている．なお，ジャイロスコープという言葉は回転を目に見えるようにするものという意味である．

1 2 3 4 5 **7.6**

固定点の周りの回転運動

7.2 節では話をわかりやすく，そして，慣性モーメントを直観的に理解できるように，回転軸を z 軸に固定するという制限をつけて剛体の回転運動を調べた．ここでは，この制限をとって剛体がある固定点の周りで回転運動している場合を考えよう．

7.6.1　慣性主軸と主慣性モーメント

固定点の周りで時々刻々と回転軸の向きが変わる剛体の回転運動は，瞬間的にはその固定点を通る，ある軸の周りの回転として記述できることが知られている．この瞬間的な軸のことを**瞬間回転軸**とよび，角速度ベクトル $\boldsymbol{\omega}$ がこの役割をはたす．

瞬間回転軸としての角速度ベクトル

剛体を構成する各質点が瞬間回転軸の周りで角速度 $\boldsymbol{\omega}$ で回転している場合，図7.16のように原点Oを回転軸上にとって，質点の位置Pを位置ベクトル $\boldsymbol{r}$ で指定する．また，回転軸上に図のような点O′（点Pを含む平面が回転軸と直交する点）をとり，それを中心にして回転半径 $a = r\sin\theta$ の円を描けば，時間 dt の間に点Pは次の dr だけ回転する．

$$dr = a\omega\, dt = (r\sin\theta)\omega\, dt \tag{7.48}$$

回転軸の向きは，回転に合わせて右ネジを回したときに右ネジの進む方向にとる．単位ベクトルを $\boldsymbol{n}$ とすると，**角速度ベクトル** $\boldsymbol{\omega}$ は

$$\boldsymbol{\omega} = \omega\boldsymbol{n} \tag{7.49}$$

で定義される．したがって，(7.48) はベクトル積を用いて

$$d\boldsymbol{r} = \boldsymbol{\omega} \times \boldsymbol{r}\, dt \tag{7.50}$$

と表せるから，点Pの質点の速度 $\boldsymbol{v}$ は

$$\boxed{\boldsymbol{v} = \frac{d\boldsymbol{r}}{dt} = \boldsymbol{\omega} \times \boldsymbol{r}} \tag{7.51}$$

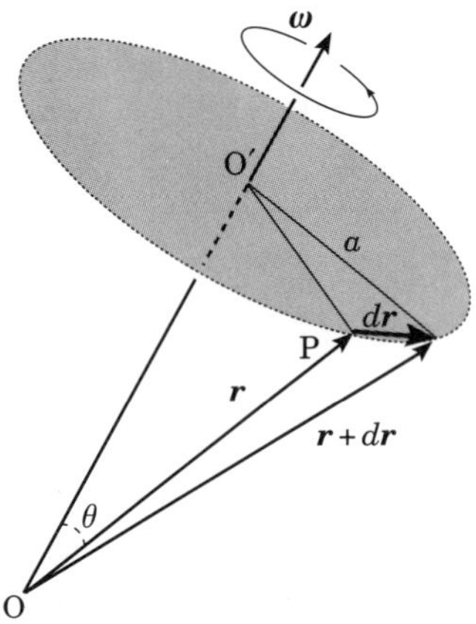

図7.16　角速度ベクトル

という関係で表すことができる．

［例題7.7］　瞬間回転軸を z 軸に固定すれば，$\boldsymbol{\omega}$ の成分は $(\omega_x, \omega_y, \omega_z) = (0, 0, \omega)$ である．(7.51) の $\boldsymbol{v}$ を用いて，円筒座標系での速度成分 (7.9) を導け．

［解］　(7.51) の x 成分と y 成分はそれぞれ

$$\frac{dx}{dt}=(\boldsymbol{\omega}\times\boldsymbol{r})_x=\omega_y z-\omega_z y=-\omega y,\qquad \frac{dy}{dt}=(\boldsymbol{\omega}\times\boldsymbol{r})_y=\omega_z x-\omega_x z=\omega x \tag{7.52}$$

となるから，速度成分（7.9）と一致する． ☜

固定点の周りでの回転運動を記述するために，図 7.17 のように固定点を原点として剛体に固定された一組の直交座標系を考えよう．この座標系における単位ベクトルは $\boldsymbol{i}, \boldsymbol{j}, \boldsymbol{k}$ とする．回転運動に関係したベクトルは，角速度ベクトル $\boldsymbol{\omega}$ と角運動量ベクトル $\boldsymbol{L}$ の 2 つである．角速度ベクトル $\boldsymbol{\omega}$ の成分を $(\omega_1, \omega_2, \omega_3)$，固定点 C の周りの角運動量 $\boldsymbol{L}$ の成分を (L_1, L_2, L_3) とすれば，$\boldsymbol{\omega}$ と $\boldsymbol{L}$ は

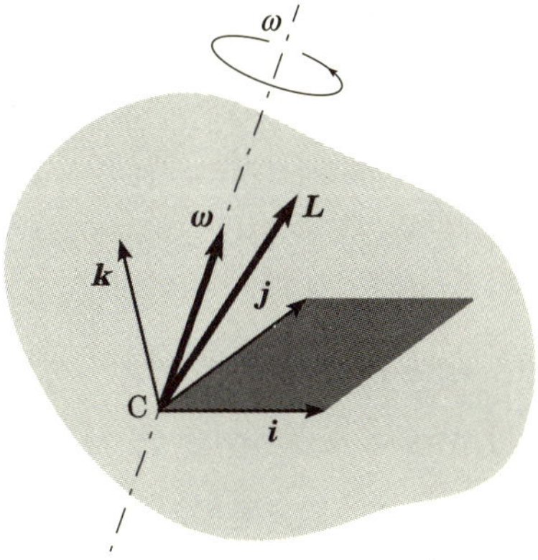

図 7.17 瞬間的な回転軸

$$\boldsymbol{\omega}=\omega_1\boldsymbol{i}+\omega_2\boldsymbol{j}+\omega_3\boldsymbol{k},\qquad \boldsymbol{L}=L_1\boldsymbol{i}+L_2\boldsymbol{j}+L_3\boldsymbol{k} \tag{7.53}$$

である．7.2 節の固定軸周りの回転の場合は，（7.11）やコマの運動などからわかるように $\boldsymbol{L}$ と $\boldsymbol{\omega}$ は常に平行（$\boldsymbol{L}=I\boldsymbol{\omega}$）であるが，固定軸がない場合は，$\boldsymbol{L}$ と $\boldsymbol{\omega}$ は必ずしも平行ではない．このため，$\boldsymbol{L}$ と $\boldsymbol{\omega}$ との関係式は一般に複雑になり直観もきかなくなるので次のような計算が必要になる．まず角運動量 $\boldsymbol{L}$ は，質点 i の角運動量 $\boldsymbol{l}_i=\boldsymbol{r}_i\times m_i\boldsymbol{v}_i$ の $\boldsymbol{v}_i$ に（7.51）を使えば

$$\boldsymbol{L}=\sum_i \boldsymbol{l}_i=\sum_i\{\boldsymbol{r}_i\times m_i(\boldsymbol{\omega}\times\boldsymbol{r}_i)\}=\sum_i m_i\{\boldsymbol{\omega}(\boldsymbol{r}_i\cdot\boldsymbol{r}_i)-\boldsymbol{r}_i(\boldsymbol{r}_i\cdot\boldsymbol{\omega})\} \tag{7.54}$$

と書ける（最右辺は付録 A.1 のベクトル 3 重積の $BAC-CAB$ 則を使った）．この右辺に（7.53）の $\boldsymbol{\omega}$ と $\boldsymbol{r}_i=x_i\boldsymbol{i}+y_i\boldsymbol{j}+z_i\boldsymbol{k}$ を代入して，整理すれば，角運動量 $\boldsymbol{L}$ の成分は $j=1, 2, 3$ として

$$L_j=\sum_{k=1}^{3} I_{jk}\,\omega_k \tag{7.55}$$

となる．例えば，$j=1$ ならば $L_1 = I_{11}\omega_1 + I_{12}\omega_2 + I_{13}\omega_3$ である．ここで，各記号は次のように定義されている（演習問題［7.8］を参照）．

$$\left.\begin{aligned} I_{11} &= \sum_i m_i (y_i^2 + z_i^2), & I_{22} &= \sum_i m_i (z_i^2 + x_i^2), \\ I_{33} &= \sum_i m_i (x_i^2 + y_i^2), & I_{12} &= I_{21} = -\sum_i m_i x_i y_i, \\ I_{23} &= I_{32} = -\sum_i m_i y_i z_i, & I_{13} &= I_{31} = -\sum_i m_i z_i x_i \end{aligned}\right\} \tag{7.56}$$

つまり，回転軸が固定されていない場合，剛体の角運動量は**慣性モーメント** I_{jj} のほかに，$I_{jk}\,(j \neq k)$ のような**慣性乗積**（かんせいじょうせき）とよばれる量が現れて複雑になる．

慣性主軸の選択

$\boldsymbol{L}$ と $\boldsymbol{\omega}$ をつなぐ係数（7.56）は，たまたま選んだ直交座標軸に依存した結果である．直交座標軸のとり方はいろいろあるから，図 7.17 の固定点 C を原点とする別の直交軸を選んでもよいはずである．そのような軸のうち，慣性乗積 I_{jk} をゼロにできるような直交軸を選べれば，話は簡単になる．実は，このような特別な軸が必ず存在し，この軸のことを**慣性主軸**とよぶ．慣性主軸は，数学の線形代数で学ぶ行列の対角化と主軸変換の方法で求めることができるので，ここでは，この軸の存在を認めて先に進もう．

初めから慣性主軸を直交座標軸に選び，その単位ベクトルを（$\boldsymbol{e}_1, \boldsymbol{e}_2, \boldsymbol{e}_3$）としよう．このとき角速度ベクトル $\boldsymbol{\omega}$ と角運動量 $\boldsymbol{L}$ はそれぞれ

$$\boldsymbol{\omega} = \omega_1\boldsymbol{e}_1 + \omega_2\boldsymbol{e}_2 + \omega_3\boldsymbol{e}_3, \qquad \boldsymbol{L} = L_1\boldsymbol{e}_1 + L_2\boldsymbol{e}_2 + L_3\boldsymbol{e}_3 \tag{7.57}$$

と表せ，$\boldsymbol{L}$ の成分は

$$L_1 = I_1\omega_1, \qquad L_2 = I_2\omega_2, \qquad L_3 = I_3\omega_3 \tag{7.58}$$

で与えられる．ここで，I_j は慣性モーメント I_{jj} と同じものであるが，この場合には特別に**主慣性モーメント**とよばれ，そのことを明示するために I_j と書いた（つまり $I_1 = I_{11}, I_2 = I_{22}, I_3 = I_{33}$ である）．なお，固定点 C を重心に選べば，慣性主軸は剛体の幾何学的な形状から直観的にわかる場合があ

る．例えば均一な密度の球では，重心を原点とする任意の直交軸が慣性主軸となり，主慣性モーメントの値はすべて同じとなる．

7.6.2　オイラー方程式とテニスラケットの定理

7.6.1 では直交座標系として慣性主軸を選んだので，剛体の角運動量 $\boldsymbol{L}$ は（7.58）のように簡単になった．この場合，剛体の回転運動を記述する方程式は，慣性系での回転運動の方程式（6.39）に（7.57）を代入して

$$I_1\dot{\omega}_1 + (I_3 - I_2)\omega_2\omega_3 = N_1 \tag{7.59}$$

$$I_2\dot{\omega}_2 + (I_1 - I_3)\omega_3\omega_1 = N_2 \tag{7.60}$$

$$I_3\dot{\omega}_3 + (I_2 - I_1)\omega_1\omega_2 = N_3 \tag{7.61}$$

のように決まる（[問 7.3]を参照）．これを**オイラー方程式**という．

[問 7.3]　オイラー方程式（7.59）～(7.61）を導け．

[解]　単位ベクトル（$\boldsymbol{e}_1, \boldsymbol{e}_2, \boldsymbol{e}_3$）は剛体に固定されているが，慣性系（空間）に対しては時々刻々と動くベクトルである．このため角運動量 $\boldsymbol{L}$ の時間微分は

$$\frac{d\boldsymbol{L}}{dt} = I_1\frac{d\omega_1}{dt}\boldsymbol{e}_1 + I_2\frac{d\omega_2}{dt}\boldsymbol{e}_2 + I_3\frac{d\omega_3}{dt}\boldsymbol{e}_3 + I_1\omega_1\frac{d\boldsymbol{e}_1}{dt} + I_2\omega_2\frac{d\boldsymbol{e}_2}{dt} + I_3\omega_3\frac{d\boldsymbol{e}_3}{dt} \tag{7.62}$$

となる．単位ベクトル自身も剛体とともに回転するから，（7.51）に従って

$$\frac{d\boldsymbol{e}_1}{dt} = \boldsymbol{\omega} \times \boldsymbol{e}_1, \qquad \frac{d\boldsymbol{e}_2}{dt} = \boldsymbol{\omega} \times \boldsymbol{e}_2, \qquad \frac{d\boldsymbol{e}_3}{dt} = \boldsymbol{\omega} \times \boldsymbol{e}_3 \tag{7.63}$$

が成り立つ．これに角速度ベクトル（7.57）を代入すれば

$$\frac{d\boldsymbol{e}_1}{dt} = (\omega_1\boldsymbol{e}_1 + \omega_2\boldsymbol{e}_2 + \omega_3\boldsymbol{e}_3) \times \boldsymbol{e}_1 = \omega_3\boldsymbol{e}_3 \times \boldsymbol{e}_1 + \omega_2\boldsymbol{e}_2 \times \boldsymbol{e}_1 = \omega_3\boldsymbol{e}_2 - \omega_2\boldsymbol{e}_3 \tag{7.64}$$

となる．同様にして，

$$\frac{d\boldsymbol{e}_2}{dt} = \omega_1\boldsymbol{e}_3 - \omega_3\boldsymbol{e}_1, \qquad \frac{d\boldsymbol{e}_3}{dt} = \omega_2\boldsymbol{e}_1 - \omega_1\boldsymbol{e}_2 \tag{7.65}$$

である．これらを（7.62）の右辺に代入して単位ベクトルごとにまとめればよい．例えば，$\boldsymbol{e}_1$ の係数は $I_1\dot{\omega}_1 + (I_3 - I_2)\,\omega_2\omega_3$ となる．一方，（7.62）は（6.39）より力のモーメント $\boldsymbol{N} = N_1\boldsymbol{e}_1 + N_2\boldsymbol{e}_2 + N_3\boldsymbol{e}_3$ に等しい．したがって，$\boldsymbol{e}_1$ の係数から（7.59）が求まる．ほかの式も同様である．☜

オイラー方程式を用いて，慣性主軸の周りの回転運動の安定性に関する面

白い定理を検証しよう．

テニスラケットの定理

図7.18のようにテニスラケットに回転を与えて空中に放り投げ，落ちてきたラケットをキャッチすることを考えよう．実際にやってみると，回転の与え方によってキャッチしやすい場合としにくい場合があることに気づく．（1）のようにラケットの軸（最小の慣性モーメントをもつ軸）の周りか，あるいは（3）のようにラケット面に垂直な軸（最大の慣性モーメントをもつ軸）の周りに回転を与えて空中に放り上げれば，落下してきたラケットをキャッチすることは簡単である．しかし，（2）のようにラケットの軸に垂直でラケット面に平行な軸（（1）と（3）に比べて，中間の慣性モーメントをもつ軸）の周りに回転を与えて投げると，ラケットは複雑な運動になってキャッチすることが難しくなる．

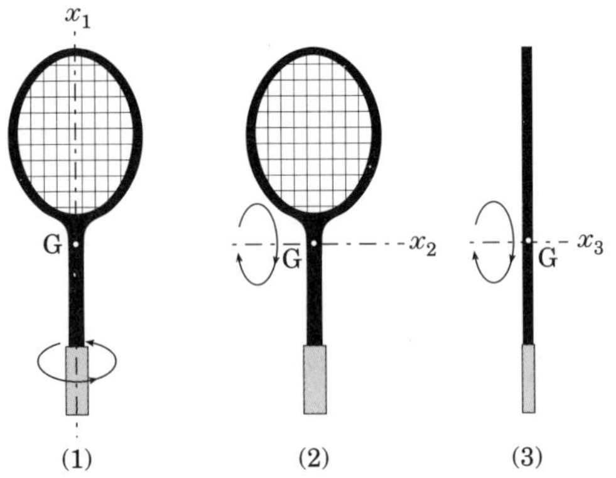

図7.18　テニスラケットの慣性主軸

このように，慣性モーメントが最大，最小の値をもつ慣性主軸の周りの回転は安定であるが，中間の値をもつ慣性主軸の周りでは不安定であることを，**テニスラケットの定理**という．本や横長い物体を慣性主軸の一つの周りで回転させて投げ上げれば，この定理を実感することができる．

［例題7.8］　テニスラケットの定理をオイラー方程式で説明せよ．

［解］　直交座標系の x_1, x_2, x_3 軸を慣性主軸に選び，座標の原点をラケットの重

心にとると，重心の周りの重力のモーメントはないからトルクはゼロ，$\boldsymbol{N}=\mathbf{0}$ である．また，慣性モーメントは $I_1 < I_2 < I_3$ である．このとき，直交軸の定理 $I_3 = I_1 + I_2$ を使うと（7.59）～（7.61）は次のようになる．

$$\dot{\omega}_1 + \omega_2\omega_3 = 0 \tag{7.66}$$

$$\dot{\omega}_2 - \omega_3\omega_1 = 0 \tag{7.67}$$

$$\dot{\omega}_3 + r^2\,\omega_1\omega_2 = 0 \qquad \left(r^2 = \frac{I_2 - I_1}{I_3}\right) \tag{7.68}$$

（I） x_1 軸周りの回転の場合（慣性モーメントが最小の値をもつ場合）

初めの回転が x_1 軸の周りで与えられたとしよう．このとき，$\omega_1 \gg \omega_2$, $\omega_1 \gg \omega_3$ であるから，積 $\omega_2\omega_3$ は非常に小さくなる．そこで，この積を（7.66）で無視すれば $\omega_1(t) =$ 一定 $= \Omega_1$ を得る．（7.67）の両辺を時間微分した式に現れる $\dot{\omega}_3$ を（7.68）で消去すれば，単振動の式

$$\ddot{\omega}_2 + r^2\Omega_1{}^2\omega_2 = 0 \tag{7.69}$$

となるから，ω_2 は三角関数で与えられる．そして，これを（7.67）に代入すれば $\omega_3(t)$ が求まる．つまり，a と α を任意定数として

$$\left.\begin{aligned} \omega_2(t) &= a\sin(r\Omega_1 t + \alpha) \\ \omega_3(t) &= ra\cos(r\Omega_1 t + \alpha) \end{aligned}\right\} \tag{7.70}$$

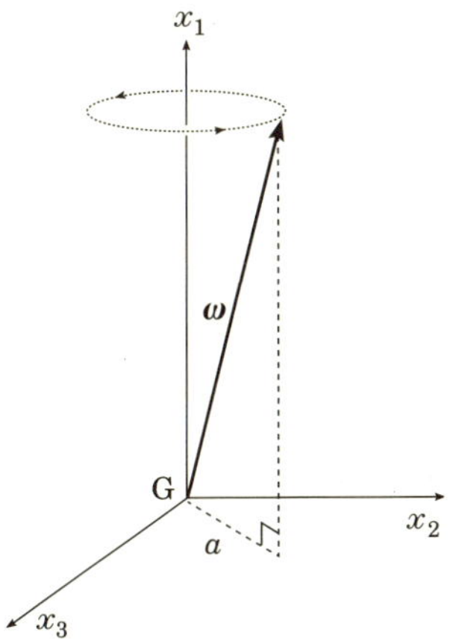

図 7.19 x_1 軸周りの回転

となる．r は1程度の大きさなので，簡単のために $r=1$ とおく．したがって，（7.70）より $\omega_2{}^2 + \omega_3{}^2 = a^2$ である．ω_2 と ω_3 は小さいとしているから，振幅 a は小さい．図 7.19 のように角速度ベクトル $\boldsymbol{\omega} = \omega_1\boldsymbol{e}_1 + \omega_2\boldsymbol{e}_2 + \omega_3\boldsymbol{e}_3$ は x_1 軸の周りに半径 a の円錐を描きながら，大きさ $\omega = \sqrt{\Omega_1{}^2 + \omega_2{}^2 + \omega_3{}^2} = \sqrt{\Omega_1{}^2 + a^2}$ の歳差運動を行う．したがって，x_1 軸の周りの回転は安定していることがわかる．なお，ラケットを慣性モーメントが最大になる x_3 軸の周りで最初に回しても似た結論を得る．

（II） x_2 軸周りの回転の場合（慣性モーメントが中間の値をもつ場合）

初めの回転を x_2 軸の周りに与えると，全く異なる状況になる．この場合，$\omega_2 \gg \omega_1$, $\omega_2 \gg \omega_3$ であるから積 $\omega_1\omega_3$ を無視して，（7.67）から $\omega_2(t) =$ 一定 $= \Omega_2$ を得る．$r=1$ とおいた（7.68）と（7.66）から $\dot{\omega}_3$ を消去すれば

$$\ddot{\omega}_1 - \Omega_2{}^2\omega_1 = 0 \tag{7.71}$$

という式を得るので，ω_1 は指数関数で与えられる．そして，これを（7.66）に代入すれば ω_3 が求まる．つまり，a と b を任意定数として

$$\omega_1(t) = ae^{\Omega_2 t} + be^{-\Omega_2 t}, \qquad \omega_3(t) = -ae^{\Omega_2 t} + be^{-\Omega_2 t} \qquad (7.72)$$

となる．この結果，x_1 軸と x_3 軸の周りの角速度は時間とともに指数関数的に急速に増大するから，ラケットはひっくり返るような振舞をする．したがって，投げ上げたラケットをうまくキャッチすることが難しくなる．☜

テニスラケットの定理の数値計算による結果

オイラー方程式（7.66）～（7.68）を数値計算しよう．慣性モーメントの値を $I_1 = 0.2 \times 10^{-2}\,\mathrm{kg \cdot m^2}$, $I_2 = 1.3 \times 10^{-2}\,\mathrm{kg \cdot m^2}$, $I_3 = 1.5 \times 10^{-2}\,\mathrm{kg \cdot m^2}$ とする（$r \approx 0.86$）．図 7.20 は初めに x_1 軸周りに強く回転を与えた場合で，初期値を $\omega_1 = 10.0/\mathrm{s}$, $\omega_2 = 0.1/\mathrm{s}$, $\omega_3 = 0.5/\mathrm{s}$ とした．明らかに，テニスラケットは x_1 軸の周りで，ほぼ初期値 $\omega_1 = 10.0/\mathrm{s}$ の角速度で安定に回転していることがわかる（初めに与える回転に手ぶれなどなくて正確に x_1 軸周りだけとして，初期値を $\omega_1 = 10$, $\omega_2 = \omega_3 = 0$ とすれば，永久に x_1 軸周りの回転だけが続く）．一方，図 7.21 は x_2 軸周りに回転を与えた場合で，初期値を $\omega_1 = 0.1/\mathrm{s}$, $\omega_2 = 10.0/\mathrm{s}$, $\omega_3 = 0.5/\mathrm{s}$ とした．投げ上げてから 0.3 秒辺りまで，$\omega_2 \approx 10.0/\mathrm{s}$ で ω_1 と ω_3 が指数関数的に変化していくことがわかる．これは解析解（7.72）と似ているが，それ以降は振動を始めるため（7.72）とは全く異なる振舞になる．これは解析解を得るときに無視した $\omega_1\omega_3$ の項が寄与してきたためである．

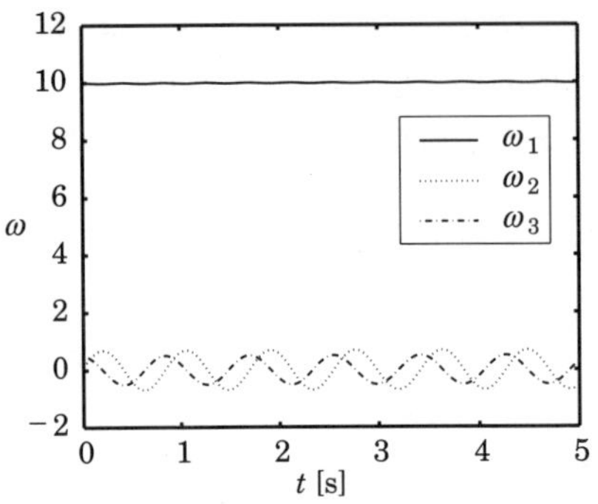

図 7.20　数値計算による x_1 軸周りの回転

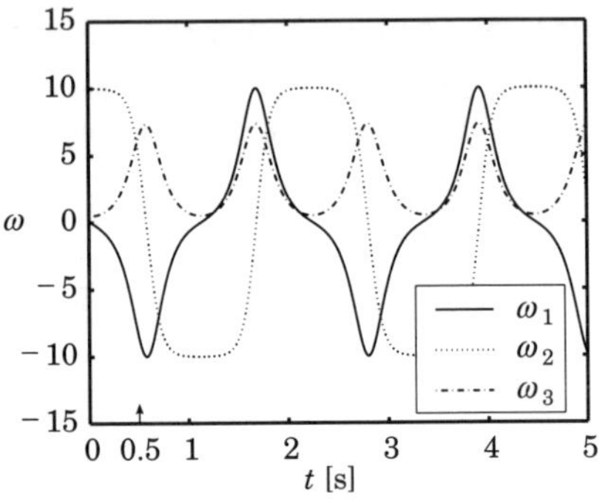

図 7.21　数値計算による x_2 軸周りの回転

このように，近似を用いて得られた解析解を使うときには，初めに設定した仮定や条件が成り立つ限界に注意を払わなければならない．図 7.21 より，ラケットを投げ上げた後，時間とともに 3 つの軸の周りの角速度 ω_1, ω_2, ω_3 すべての値が正負に大きく変動して複雑に回転するために，投げ上げたテニスラケットをキャッチすることが困難になることがわかる．

なお，非線形の微分方程式で表される物理現象の解析解を得ることは一般に難しいから，このような数値計算は大切な手法である．

演 習 問 題

［**7.1**］ 外見が全く同じ球がある．ともに重さも同じであるが，一つは中空の球であり，もう一つは中身が詰まっている．球を割らずに中空の球を選別する方法を述べよ．

［**7.2**］ ヘリコプターの 2 枚の回転翼が，1 分間に 300 回転しているときの回転の運動エネルギー K_R を求めよ．翼の長さ $L = 5\,\mathrm{m}$，質量 $M = 180\,\mathrm{kg}$ とせよ．

［**7.3**］ 水平な軸を円板の中心に通して，円板が鉛直面内で自由に回転できるようにする．この円板に長いひもをかけてひもの両端に質量 m_1 と m_2 のおもりを吊す．m_1 と m_2 のおもりにかかるひもからの張力を T_1，T_2 とする．円板の半径を r，慣性モーメントを I とし，また，ひもは滑らないとして，おもりの加速度 a を求めよ．ただし $m_1 > m_2$ である．

［**7.4**］ 縦の長さ a，横の長さ b で質量が M の一様な長方形の板を，長さが b の辺を水平に支えてその周りで小さな振動をさせる．この問題を例題 7.2 の実体振り子の具体例と考えて，この周期 T を求めよ．

［**7.5**］ 摩擦のない斜面の下側から，斜面に沿って上側にボールを滑らないように転がした．ボールの質量 m，半径 a，初速 v_0 として，ボールが到達する高さ h を求めよ．なお，ボールの慣性モーメントは $I = (2/5)ma^2$ である．

［**7.6**］ 7.4 節では斜面を滑らずに転がる剛体の運動を考えた（そのため，条件 (7.33) が使えた）が，斜面の傾きを大きくしていくと，物体は斜面の接触点で滑りながら転がる．このとき，物体にはたらく摩擦力は動摩擦係数を μ として $F = \mu Mg\cos\theta$ で与えられる．この摩擦力を用いて運動方程式 (7.31)，(7.32) を解き，ポテンシャルエネルギー U，並進運動のエネルギー K_T，回転運動のエネルギー K_R を求めよ．また，$K_T + K_R - U = \Delta E$ が摩擦力による仕事の値と等しくなることを示せ．ただし，初期条件は，$X(0) = 0,\ \dot{X}(0) = 0,\ \omega(0) = 0$ とせよ．

[**7.7**] 半径 a で質量が M の一様な球の直径の周りでの慣性モーメントが $I = (2/5)Ma^2$ であることを示せ.

[**7.8**] 慣性モーメントと慣性乗積 (7.56) を導け.

第8章 相対運動

本章のねらい

① 慣性系と非慣性系の物理的な意味を理解する.
② 見かけの力（慣性力）が現れる理由を理解する.
③ 回転座標系で生じる遠心力とコリオリの力を理解する.
④ 非慣性系での運動方程式のベクトル表示を理解する.

8.1 2 3 並進加速度系

慣性系に対して加速度をもつ座標系での運動を考えるために，図8.1のように一定の加速度 $\boldsymbol{a}$ でまっすぐに走っている電車の中で起こる現象をとり上げてみよう．いま，この電車の中で天井から質量 m の物体を吊り下げると，おもりを吊るした糸は加速度の向きと逆向きに傾いたまま静止するのが観測される．これを電車の外と内にいる人が見ると，それぞれ次のように

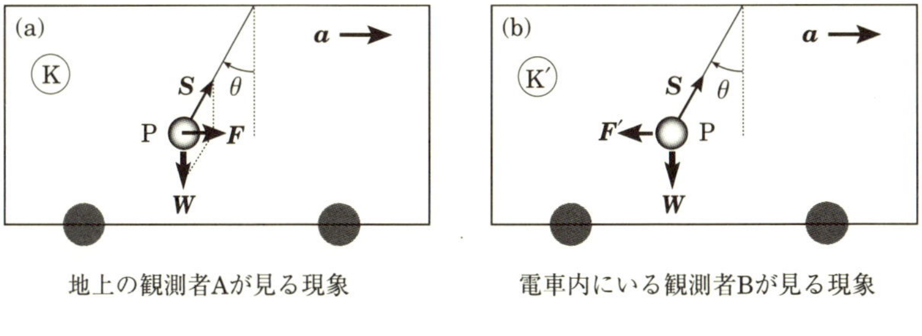

図8.1 電車内のおもりの運動

この現象を解釈する.

（1） 地上に立っている観測者 A の解釈（図 8.1(a)）　おもりにはたらく力は，重力と糸の張力だけである．したがって，観測者 A は重力 $\boldsymbol{W}$ と糸の張力 $\boldsymbol{S}$ の合力 $\boldsymbol{F}$ によっておもりが加速度運動していると考える．観測者 A はそのおもりが地面に対して，電車と同じ加速度 $\boldsymbol{a}$ で運動しているのを見ているから，次のようにおもりの運動方程式を書く．

$$m\boldsymbol{a} = \boldsymbol{F} \tag{8.1}$$

（2） 電車内にいる観測者 B の解釈（図 8.1(b)）　一定の加速度 $\boldsymbol{a}$ で走っている電車の中にいる観測者 B が見るものは，糸が傾いたまま，おもりが静止している状態である．このとき観測者 B は，糸の張力と重力の合力 $\boldsymbol{F}$ につり合う別の力 $\boldsymbol{F}'$ が $\boldsymbol{F}$ とは逆向きにはたらいていると考えて，つり合いの式

$$\boldsymbol{F} + \boldsymbol{F}' = \boldsymbol{0} \tag{8.2}$$

が成り立っていると考える．観測者 B は電車の中で静止しているから，観測者 B にとっては，電車の床や壁を基準にした座標系でこの現象を考える方が便利である．そこで，車内に固定した座標系から見たおもりの加速度を $\boldsymbol{a}'$ として

$$m\boldsymbol{a}' = \boldsymbol{F} + \boldsymbol{F}' \tag{8.3}$$

という運動方程式を観測者 B は書く．もちろん，つり合いの式（8.2）より運動方程式（8.3）の右辺はゼロだから $\boldsymbol{a}' = \boldsymbol{0}$ である（電車内においておもりは静止して見えているから当然の結果である）.

運動方程式（8.1）とつり合いの式（8.2）より

$$\boldsymbol{F}' = -\,m\boldsymbol{a} \tag{8.4}$$

であるから，B の運動方程式（8.3）は

$$\boxed{m\boldsymbol{a}' = \boldsymbol{F} + (-\,m\boldsymbol{a})} \tag{8.5}$$

となる．つまり，加速度 $\boldsymbol{a}$ で運動する観測者 B が，力 $\boldsymbol{F}$ を受けて運動する質量 m の物体を観測すると，$\boldsymbol{F}$ のほかに $-\,m\boldsymbol{a}$ という力もはたらいている

と観測する．この力を**見かけの力**という．この見かけの力は，$\boldsymbol{F}$ のようにある物体からある物体にはたらく，というような力ではないから，作用・反作用の関係は存在しない．なお，見かけの力と区別するために，$\boldsymbol{F}$ を**真の力**ともよぶ．一般に，このように加速度運動をしている人が物体の運動を観測すると，地上に静止している人が観測する力 $\boldsymbol{F}$ のほかに，見かけの力 $\boldsymbol{F}'$ が必ず観測される．

座標系の平行移動

図 8.1 の電車の話を，座標系を設定してもう一度，整理しよう．地上に静止している観測者 A がいる座標系は慣性系（K 系とする）であり，等加速度直線運動をしている電車内の観測者 B がいる座標系は並進加速度系（K′ 系とする）である．

$$\boxed{\text{地上の観測者 A = 慣性系}} \leftrightarrow \boxed{\text{車内の観測者 B = 並進加速度系}} \tag{8.6}$$

いま，K′ 系は K 系に対して一定の加速度をもって動いているとし，各座標軸は互いに平行であるとする．そして，図 8.2 のように質量 m の質点の位置 P を，K 系の原点 O からは位置ベクトル $\boldsymbol{r}$ で，K′ 系の原点 O′ からは位置ベクトル $\boldsymbol{r}'$ で指定しよう．また，K 系から見た K′ 系の原点 O′ を $\boldsymbol{r}_0$ で指定すれば

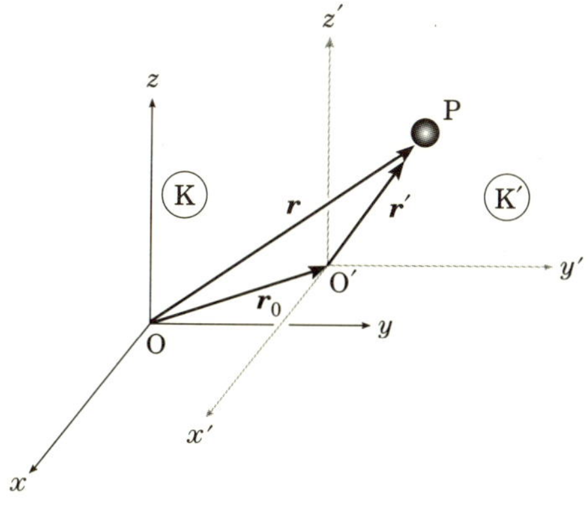

図 8.2　座標系の平行移動

$$\boldsymbol{r} = \boldsymbol{r}_0 + \boldsymbol{r}' \tag{8.7}$$

である．質点にはたらく力を $\boldsymbol{F}$ とすれば，K 系でニュートンの運動方程式

$$m\frac{d^2\boldsymbol{r}}{dt^2} = \boldsymbol{F} \tag{8.8}$$

が成り立つ.

(8.7) を (8.8) に代入して

$$\boxed{m\frac{d^2\boldsymbol{r}'}{dt^2}=\boldsymbol{F}+\boldsymbol{F}' \qquad \left(\boldsymbol{F}'\equiv -\,m\frac{d^2\boldsymbol{r}_0}{dt^2}\right)} \tag{8.9}$$

と書きかえてみよう. この (8.9) は, 慣性系 (K 系) で成り立つ運動方程式と同じ形をK′系に対して書いたことになるが, これが意味するところは重要である. つまり, K′系にいる観測者が運動を記述する場合, 物体の加速度は運動方程式 (8.9) の左辺の $d^2\boldsymbol{r}'/dt^2$ であるが, この加速度を生み出す力には, 物体にはたらく真の力 $\boldsymbol{F}$ だけでなく第2項目の力 ($\boldsymbol{F}'$ とする) も存在することを意味している. この $\boldsymbol{F}'$ は明らかに $\boldsymbol{F}$ とは異なり, K′系がK 系に対して加速度運動をしているために現れた**見かけの力**である. なぜならば, 加速度が消えれば ($\ddot{\boldsymbol{r}}_0=\boldsymbol{0}$) この力は消えてしまうからである.

この見かけの力は慣性質量 m に比例する力であるから**慣性力**ともよばれる. 電車の例では, (8.1) の加速度 $\boldsymbol{a}$ が $d^2\boldsymbol{r}/dt^2$ に, (8.3) の加速度 $\boldsymbol{a}'$ が $d^2\boldsymbol{r}'/dt^2$ に対応し, 糸の張力 $\boldsymbol{S}$ と重力 $\boldsymbol{W}$ の合力 $\boldsymbol{F}$ が運動方程式 (8.9) の右辺第1項目の力である. よく経験することだが, 電車が動き始めるときに体が後に倒れるように感じるのは, 見かけの力 $\boldsymbol{F}'$ のためである. しかし地上 (慣性系) にいる人は, この $\boldsymbol{F}'$ を感じる (見る) ことはできない. まとめると, 見かけの力とは, 慣性系でしか厳密に成り立たない, 質量 × 加速度 = 力, という形のニュートンの運動方程式を非慣性系においても成り立つように要請したとき, 必然的に現れる力のことである.

[例題 8.1] 一定の加速度 a で直進している電車の天井から糸の長さ l の振り子をぶら下げると, 図 8.1 のように質量 m のおもりは鉛直から角度 θ のところで静止した. この静止位置から振り子を小さく振らせたときの振り子の周期 T' を求めよ.

[解] 電車内は K′系 (並進加速度系) である. 電車の床を基準にして進行方向を x' 軸, 鉛直上向きを y' 軸の正とする. おもりには糸の張力 S と鉛直下方の重力 mg, そして水平後方に見かけの力 ma がはたらいているから, 電車内での運動

方程式 (8.9) は

$$m\ddot{x}' = S\sin\theta + (-\,ma), \qquad m\ddot{y}' = S\cos\theta - mg \tag{8.10}$$

となる．電車内ではおもりは静止しているから，$\ddot{x}' = \ddot{y}' = 0$ である．この結果，張力 S は $S\sin\theta = ma$ と $S\cos\theta = mg$ より

$$S = m\sqrt{g^2 + a^2} \equiv mg' \tag{8.11}$$

となり，重力加速度は見かけ上 g' の大きさに変わる．重力 g のときの振り子の周期は $T = 2\pi\sqrt{l/g}$ であるから，g' の場合には

$$T' = 2\pi\sqrt{\frac{l}{g'}} = 2\pi\sqrt{\frac{l}{\sqrt{g^2 + a^2}}} \tag{8.12}$$

となる．ちなみに，つり合いの角度は $\tan\theta = a/g$ である．

同じ問題を，図 8.1(a)のように電車の外の地上にいる人の目からみてみよう．この人は K 系（慣性系）にいるから，地上のある点を基準にして電車の進行方向を x 軸，鉛直上向きを y 軸の正とする．このとき，運動方程式 (8.8) は

$$m\ddot{x} = ma = S\sin\theta, \qquad m\ddot{y} = 0 = S\cos\theta - mg \tag{8.13}$$

となる．これらは運動方程式 (8.10) と同じものであるから，周期も (8.12) で与えられる．☜

なお，つり合いの角度の式 $a = g\tan\theta$ を利用すれば，実際に乗り物の加速度を簡単に求めることができることを注意しておく．つまり，乗り物の中で，おもりを付けた糸を手に吊るして，糸と鉛直方向のなす角度 θ を測ればよい．

[例題 8.2]　図 8.3 のように一定の加速度 a で上昇しているエレベーターの天井から，ひもの長さ l の振り子を吊り下げる．質量 m のおもりをつないだひもにかかる張力 S を求め，つり合いの位置から振り子を小さく振らせたときの振り子の周期 T'' を求めよ．また，加速度 a で下降する場合の振り子の周期 T''' も求めよ．

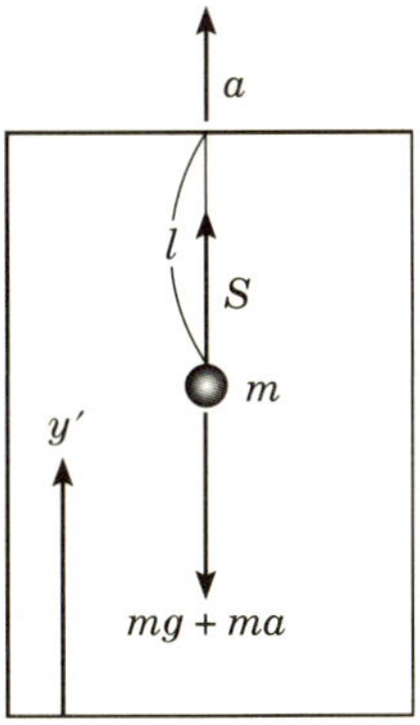

図 8.3　エレベーター内のおもり

[解]　エレベーター内は K′ 系（並進加速度系）である．エレベーターの床から鉛直上向きを y' 軸の正とする．振り子のおもりにはたらく真の力は，重力 mg とひもの張力 S である．見かけの力は，

エレベーターが上昇している場合は $-ma$，下降している場合は $+ma$ であるから，エレベーター内での運動方程式 (8.9) は

$$m\ddot{y}' = (S - mg) - ma \quad (\text{上昇}), \qquad m\ddot{y}' = (S - mg) + ma \quad (\text{下降}) \tag{8.14}$$

である．エレベーター内ではおもりは静止しているから $\ddot{y}' = 0$ となり，ひもの張力は

$$\left.\begin{aligned} S &= m(g + a) \equiv mg'' \quad (\text{上昇}) \\ S &= m(g - a) \equiv mg''' \quad (\text{下降}) \end{aligned}\right\} \tag{8.15}$$

である．この結果，エレベーター内での重力加速度は，上昇中は g'' で g より大きくなり，下降中は g''' で g より小さくなることがわかる．このおもりを小さく振らせて単振動させたときの周期は

$$\left.\begin{aligned} T'' &= 2\pi\sqrt{\frac{l}{g''}} = 2\pi\sqrt{\frac{l}{g + a}} \quad (\text{上昇}) \\ T''' &= 2\pi\sqrt{\frac{l}{g'''}} = 2\pi\sqrt{\frac{l}{g - a}} \quad (\text{下降}) \end{aligned}\right\} \tag{8.16}$$

となり，エレベーターが等速度運動か静止している場合（つまり，$a = 0$ で慣性系の場合）の周期よりも短く（T''），あるいは長く（T'''）なることがわかる．

同じ問題を，エレベーターの外の地上にいる人の目からみてみよう．この人は K 系（慣性系）にいるから，地面から鉛直上向きを y 軸の正として運動方程式 (8.8) を書けば

$$\left.\begin{aligned} m\ddot{y} &= ma = S - mg \quad (\text{上昇}) \\ m\ddot{y} &= -ma = S - mg \quad (\text{下降}) \end{aligned}\right\} \tag{8.17}$$

となる．これらは (8.15) と同じものであるから，周期も (8.16) で与えられる．☜

無重量状態

例題 8.2 でエレベーターが下降している場合に，もし加速度 a が重力加速度 g と一致すれば見かけの重力加速度 g''' はゼロとなり，ひもの張力は $S = 0$ となる．つまり，おもりの重量が見かけ上消えたことになる．あるいは，エレベーター内にいる人には，床から受ける垂直抗力が消えたことに対応する．このように重力を受けている物体や人間を支える力が消える状態を**無重量状態**という．軌道上のスペースシャトル内の宇宙飛行士は，地球の重力が向心力となって等速円運動をしている．この場合にも重力に対して宇宙飛行士を支える力は存在しないから無重量状態であるが，より正確には，

8.2節で述べる見かけの力（遠心力）とつり合っている状態である．

なお，例題8.1の見かけの重力加速度 $g' = \sqrt{g^2 + a^2}$ と例題8.2の $g'' = g + a$ や $g''' = g - a$ との違いに注意してほしい．g' には加速度 a は a^2 という2乗の形で入っているので加速度の向きが変わっても，つまり，進行方向に対して加速（$+a$）でも減速（$-a$）でも $a^2 = (\pm a)^2$ だから g' の値は変わらない．これは，乗っている人間にとって電車の加速（$+a$）と減速（$-a$）は相対的なものであるという事実を反映している．つまり，乗っている人が進行方向に対して背を向ければ，加速と減速は逆になる．しかし，このような相対的な向きの違いによって，g' の大きさが変化することはあり得ない．

これに対して，エレベーターの問題では，上昇（$+a$）するときは体重を重く感じ，下降（$-a$）するときは軽く感じるので，純然たる区別がつく．このため，見かけの重力加速度 g''，g''' の中には a の形でしか現れない．もしエレベーターに乗っていて無重量状態を感じたら，間違いなくエレベーター自体が自由落下しているのである．

ちなみに，座標系のとり方によって，エレベーターのように局所的に限られた空間で重力を消滅させたり，あるいは逆に発生させたりできるという事実に基づいて，アインシュタインは重力場の理論である一般相対性理論を導いた．同時に，アインシュタインは重力と幾何学との密接な関連を明らかにした．

ガリレイ変換

K系に対するK′系の相対速度 $\boldsymbol{v}_0$ が一定の場合を考えよう．この場合，$d\boldsymbol{v}_0/dt = \boldsymbol{0}$ より慣性力 $\boldsymbol{F}'$ は消えるから，運動方程式（8.9）は

$$m\frac{d^2\boldsymbol{r}'}{dt^2} = \boldsymbol{F} \tag{8.18}$$

となり，慣性系の運動方程式（8.8）と同じ形になる．つまり，一般化して表現すれば，慣性系に対して等速度運動をする座標系はすべて慣性系である．そこでガリレイは，すべての慣性系において，力学法則は同一の形で書

き表されるという原理を提唱した．これを**ガリレイの相対性原理**という．

この相対速度 $\boldsymbol{v}_0$ の向きを図8.4のように x 軸と x' 軸にとり，$t=0$ で3つの軸がそれぞれ重なるようにすれば，2つの座標系の間で

$$x = v_0 t + x',\ y = y',\ z = z' \quad \text{および} \quad v_x = v_0 + v_{x'},\ v_y = v_{y'},\ v_z = v_{z'} \tag{8.19}$$

という関係式が成り立つ．この関係式を**ガリレイ変換**という．

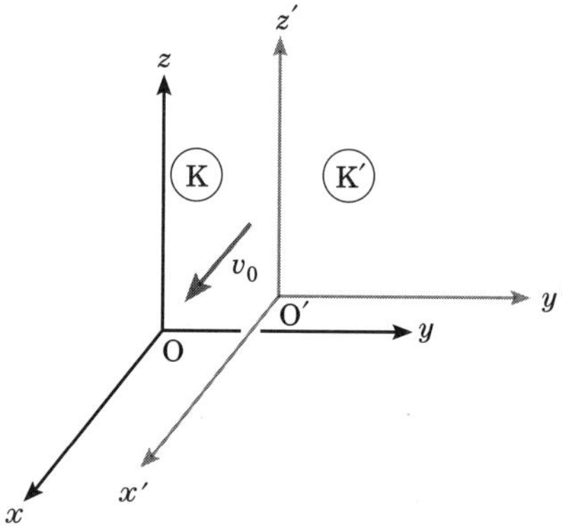

図8.4　ガリレイ変換

アインシュタインは，このガリレイの相対性原理を拡張して，すべての慣性系において，物理法則は同一の形で書き表されるという原理を提唱した．これを**アインシュタインの相対性原理**という．この原理は，言葉通りに読めば，ただガリレイの力学法則を物理法則に変更しただけであるが，力学的な現象に限られていた相対性原理を，電磁気学的な現象をも含む物理現象にまで適用できると主張したのが画期的であった．これに，**光速度不変の原理**（真空中の光の速さは光源の速さに関係なく，すべての慣性系で同一であるという原理）を追加して作られた理論が，アインシュタインの特殊相対性理論である．

この場合にはガリレイ変換は成り立たなくなり，ローレンツ変換という時間と空間を等価に扱う変換式が使われる．また，慣性系という条件をはずして一般的な加速度系でも成り立つように拡張した理論が一般相対性理論である．なお，原理というものは，理論を構築していくための前提となるもので，ある原理からどれほど多くの定理や法則が証明されたとしても，原理そのものの真偽（しんぎ）は証明されない．

8.2 回転座標系

静止している慣性系にいる人が見ているある現象を，回転台の上に乗って回っている人が見ても，同じには見えない．そして，その現象に対する解釈も両者で異なる．このことを，図 8.5 のような回転台に立てた柱に吊り下げたおもりの運動で考えてみよう．

質量 m のおもりを長さ l のひもで吊り下げて，回転台を一定の角速度 ω で回転させると，おもりは半径 r の等速円運動を行う．この運動を見て，地面（慣性系）に立っている観測者 A（K 系）と回転台上（非慣性系）にいる観測者 B（K′ 系）がそれぞれどのように考えるかを推測してみる．

図 8.5 (a) のように観測者 A は，重力 $\boldsymbol{W}$ とひもの張力 $\boldsymbol{S}$ の合力 $\boldsymbol{F}$ (= $\boldsymbol{W}+\boldsymbol{S}$) が回転の中心方向を向く力となって，おもりが円運動をしていると考えるだろう．一方，図 8.5 (b) のように観測者 B は回転台上にいておもりと同じ角速度で動いているから，おもりは止まって見える．そこで，おもりに合力 $\boldsymbol{F}$ とつり合う他の力 $\boldsymbol{F}'$ がはたらいていると考えるだろう．つまり，合力 $\boldsymbol{F}$ を打ち消すように回転台の外側に向かう力 $\boldsymbol{F}'$ がはたらいて

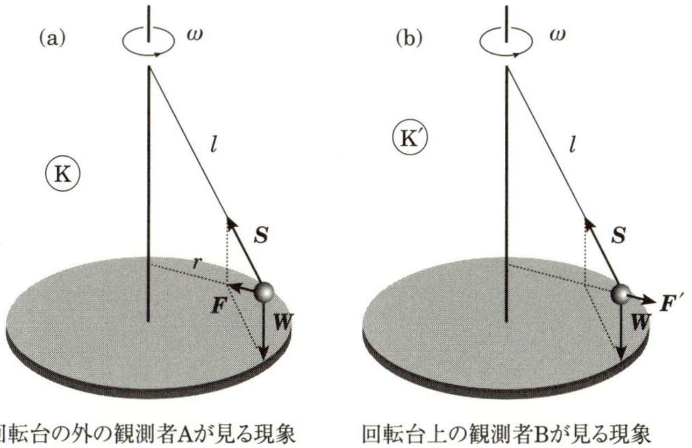

図 8.5 回転台とおもりの運動

いると考える.

この両者の見方を次のような座標系を導入して考えてみよう.

z 軸周りの回転座標系

観測者Aが立っている地面に x 軸と y 軸を引き，地面の鉛直上方に z 軸をとった直交座標系は慣性系（K系）である．また，観測者Bが立っている回転台の回転軸を z' 軸として，それがK系の z 軸と一致しているとしよう．そして，この回転台の表面に x' 軸と y' 軸を引いて，新たな直交座標系（K′系）を作る．このK′系の x' 軸，y' 軸は時刻 $t=0$ でK系の x 軸，y 軸と一致していたとして，z' 軸の周りに一定の角速度 ω で反時計回りに回転しているとする．このようなK′系を2次元**回転座標系**という.

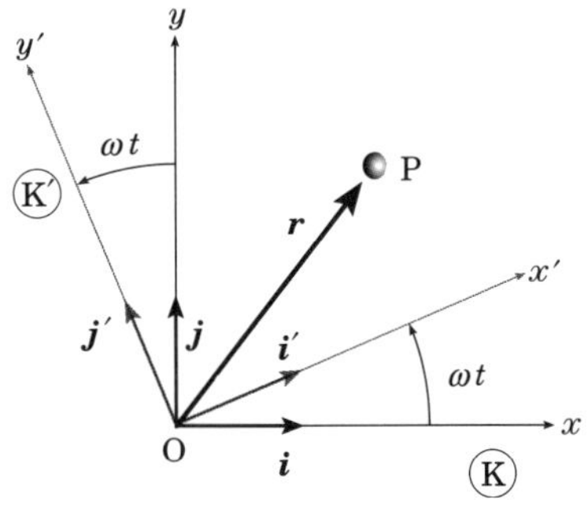

図8.6　回転座標系

K系の単位ベクトルを $\boldsymbol{i}$，$\boldsymbol{j}$，K′系の x' 軸，y' 軸の単位ベクトルを $\boldsymbol{i}'$，$\boldsymbol{j}'$ とする．K系とK′系の原点は同じだから，質点Pの位置を表す位置ベクトルもK系とK′系で同じである．この位置ベクトルを $\boldsymbol{r}$ とすれば，K系における質点Pの座標成分 (x, y) とK′系における座標成分 (x', y') を用いて，位置ベクトル $\boldsymbol{r}$ は

$$\boxed{\boldsymbol{r} = x\,\boldsymbol{i} + y\,\boldsymbol{j} = x'\,\boldsymbol{i}' + y'\,\boldsymbol{j}'} \tag{8.20}$$

と書くことができる.

ここで，質点Pの位置を表す位置ベクトルをK系では $\boldsymbol{r}$，K′系では $\boldsymbol{r}'$ と文字を変えた方が，$\boldsymbol{r} = \boldsymbol{r}'$ であっても一見わかりやすいように思えるが，8.3節の加速度座標系で導入する座標（8.48）と混乱しないように，このまま $\boldsymbol{r}'$ を用いずに（8.20）を使う．ただし，K′系で運動を考えるときは，単

位ベクトル（$\boldsymbol{i}', \boldsymbol{j}'$）の座標を使うことを忘れないように注意してほしい．

同様に，質点Pにはたらく力 $\boldsymbol{F}$ もK系とK′系で同じであるから，K系における力の成分（F_x, F_y）とK′系における力の成分（$F_{x'}, F_{y'}$）を用いて

$$\boxed{\boldsymbol{F} = F_x\,\boldsymbol{i} + F_y\,\boldsymbol{j} = F_{x'}\,\boldsymbol{i}' + F_{y'}\,\boldsymbol{j}'} \tag{8.21}$$

と書くことができる．

ところで，慣性系Kで成り立つニュートンの運動方程式

$$m\frac{d^2\boldsymbol{r}}{dt^2} = \boldsymbol{F} \tag{8.22}$$

あるいは，これを成分で書いた運動方程式

$$m\frac{d^2x}{dt^2} = F_x, \qquad m\frac{d^2y}{dt^2} = F_y \tag{8.23}$$

は，(8.20) の位置ベクトル $\boldsymbol{r} = x\,\boldsymbol{i} + y\,\boldsymbol{j}$ を時間で2度微分すれば得られる．では，この運動方程式は回転座標系K′でどのように書けるだろうか．

もちろん，(8.20) の位置ベクトル $\boldsymbol{r} = x'\,\boldsymbol{i}' + y'\,\boldsymbol{j}'$ を時間で微分すればK′系における速度や加速度は求まるが，注意すべきことは，K′系の単位ベクトル $\boldsymbol{i}'$，$\boldsymbol{j}'$ は回転台とともに向きを変えることである．このことを考慮して時間微分の計算をすれば，2次元回転座標系での運動方程式は

$$m\frac{d^2x'}{dt^2} = F_{x'} + 2m\omega v_{y'} + m\omega^2 x' \qquad (x'\text{ 方向}) \tag{8.24}$$

$$m\frac{d^2y'}{dt^2} = F_{y'} - 2m\omega v_{x'} + m\omega^2 y' \qquad (y'\text{ 方向}) \tag{8.25}$$

で与えられる（[問8.1]を参照）．

右辺には作用・反作用の法則に従う真の力（$F_{x'}, F_{y'}$）のほかに2種類の見かけの力が現れたために，慣性系での運動方程式 (8.23) よりかなり複雑になった．その理由は，慣性系だけで成り立つニュートンの運動方程式，質量 × 加速度 ＝ 力，を加速度運動しているK′系でも成り立つように要請したためである．見かけの力のうち，物体がK′系で速度 $\boldsymbol{v}' = (v_{x'}, v_{y'})$ をもつことによって現れる力（$2m\omega v_{y'}, -2m\omega v_{x'}$）はコリオリの力，物体が静止していても現れる力（$m\omega^2 x', m\omega^2 y'$）は遠心力とよばれるもので，これ

らについては後で述べることになる．なお，運動方程式（8.24）と（8.25）の右辺の形がよく似ているのは，x' 軸と y' 軸が，ともに長さの次元をもつ量であることによる．

［問 8.1］　2次元回転座標系における運動方程式（8.24）と（8.25）を導け．

［解］　K 系の単位ベクトル $\boldsymbol{i}$，$\boldsymbol{j}$ と K′ 系の単位ベクトル $\boldsymbol{i}'$，$\boldsymbol{j}'$ との間には，(5.18) の $\boldsymbol{e}_r$，$\boldsymbol{e}_\theta$ と同じ関係式 $\boldsymbol{i}' = \cos\omega t\,\boldsymbol{i} + \sin\omega t\,\boldsymbol{j}$，$\boldsymbol{j}' = -\sin\omega t\,\boldsymbol{i} + \cos\omega t\,\boldsymbol{j}$ が成り立つので，これらの時間微分も $d\boldsymbol{i}'/dt = \omega\,\boldsymbol{j}'$，$d\boldsymbol{j}'/dt = -\omega\boldsymbol{i}'$ である．これらに注意して（8.20）を時間微分すると

$$\frac{d\boldsymbol{r}}{dt} = \frac{d}{dt}(x'\,\boldsymbol{i}' + y'\,\boldsymbol{j}') = \dot{x}'\,\boldsymbol{i}' + x'\frac{d\boldsymbol{i}'}{dt} + \dot{y}'\,\boldsymbol{j}' + y'\frac{d\boldsymbol{j}'}{dt} = (\dot{x}' - \omega y')\,\boldsymbol{i}' + (\dot{y}' + \omega x')\,\boldsymbol{j}' \tag{8.26}$$

となり，さらに，これを時間微分すると

$$\frac{d^2\boldsymbol{r}}{dt^2} = \left\{\frac{d}{dt}(\dot{x}' - \omega y')\right\}\boldsymbol{i}' + (\dot{x}' - \omega y')\frac{d\boldsymbol{i}'}{dt} + \left\{\frac{d}{dt}(\dot{y}' + \omega x')\right\}\boldsymbol{j}' + (\dot{y}' + \omega x')\frac{d\boldsymbol{j}'}{dt}$$
$$= (\ddot{x}' - 2\omega\dot{y}' - \omega^2 x')\,\boldsymbol{i}' + (\ddot{y}' + 2\omega\dot{x}' - \omega^2 y')\,\boldsymbol{j}' \tag{8.27}$$

となる．(8.27) の両辺に質量 m を掛ければ，左辺は力 $\boldsymbol{F}$ となるが，この $\boldsymbol{F}$ を (8.21) で書きかえて，整理すれば

$$m\ddot{x}'\,\boldsymbol{i}' + m\ddot{y}'\,\boldsymbol{j}' = (F_{x'} + 2m\omega\dot{y}' + m\omega^2 x')\,\boldsymbol{i}' + (F_{y'} - 2m\omega\dot{x}' + m\omega^2 y')\,\boldsymbol{j}' \tag{8.28}$$

となるから，$\boldsymbol{i}'$ の係数から（8.24），$\boldsymbol{j}'$ の係数から（8.25）が導かれる．☜

向心力と遠心力

回転台の話にもどって，回転座標系の運動方程式（8.24）と（8.25）をみてみよう．いま，おもりは回転台にいる観測者 B から見たら静止しているので，回転座標系 K′ でのおもりの速度 $\boldsymbol{v}'$ はゼロ（$v_{x'} = 0$，$v_{y'} = 0$）であり，当然，加速度もゼロ（$\ddot{x}' = 0, \ddot{y}' = 0$）であるから，運動方程式（8.24）と（8.25）は

$$m\frac{d^2x'}{dt^2} = 0 = F_{x'} + m\omega^2 x', \qquad m\frac{d^2y'}{dt^2} = 0 = F_{y'} + m\omega^2 y' \tag{8.29}$$

となる．これらより，真の力 $\boldsymbol{F} = (F_{x'}, F_{y'})$ と見かけの力 $\boldsymbol{F}' = (m\omega^2 x',$

$m\omega^2 y'$）との間には

$$F_{x'} = -\,m\omega^2 x', \qquad F_{y'} = -\,m\omega^2 y' \tag{8.30}$$

という関係が成り立つので，$\boldsymbol{F}$ は（8.21）を用いて

$$\boldsymbol{F} = F_{x'}\,\boldsymbol{i}' + F_{y'}\,\boldsymbol{j}' = -\,m\omega^2(x'\,\boldsymbol{i}' + y'\,\boldsymbol{j}') \tag{8.31}$$

となる．したがって，(8.20) の $\boldsymbol{r}$ を用いれば，真の力（8.31）は

$$\boxed{\boldsymbol{F} = -\,m\omega^2\,\boldsymbol{r} \qquad (\text{向心力})} \tag{8.32}$$

であることがわかる．この $\boldsymbol{F}$ は $-\,\boldsymbol{r}$ に比例するから，回転の中心を向いている．この $\boldsymbol{F}$ が**向心力**とよばれるもので，慣性系から見たとき，円運動を維持するために必要な力である．

この向心力とつり合うように現れた見かけの力 $\boldsymbol{F}'$ を $\boldsymbol{F}^{\mathrm{cf}}$ と書けば

$$\boxed{\boldsymbol{F}^{\mathrm{cf}} = m\omega^2\,\boldsymbol{r} \qquad (\text{遠心力})} \tag{8.33}$$

となり，これは回転中心から外向きの方向にはたらく力なので，**遠心力**とよばれるものである（添字 cf は centrifugal force の略）（演習問題［8.2］，［8.3］を参照）．

コリオリの力

運動方程式（8.24）と（8.25）の右辺第 2 項目の（$2m\omega v_{y'}, -\,2m\omega v_{x'}$）は，回転座標系 K′ が角速度 ω で回転しているときに，速度 $\boldsymbol{v}' = (v_{x'}, v_{y'})$ をもった質点にはたらく見かけの力で，**コリオリの力**（$\boldsymbol{F}^{\mathrm{CO}}$ とする）といい（添字 CO は Coriolis force の略），次のように表される．

$$\boxed{\boldsymbol{F}^{\mathrm{CO}} = 2m\omega v_{y'}\,\boldsymbol{i}' + (-\,2m\omega v_{x'})\,\boldsymbol{j}'} \tag{8.34}$$

コリオリの力の大きさは K′ 系での質点の速さ $v' = \sqrt{v_{x'}{}^2 + v_{y'}{}^2}$ と回転の角速度 ω との積に比例する．したがって K′ 系上で質点が静止していれば，コリオリの力ははたらかない．コリオリの力 $\boldsymbol{F}^{\mathrm{CO}}$ と $\boldsymbol{v}'$ との内積は

$$\boldsymbol{F}^{\mathrm{CO}}\cdot\boldsymbol{v}' = F_{x'}{}^{\mathrm{CO}} v_{x'} + F_{y'}{}^{\mathrm{CO}} v_{y'} = 2m\omega v_{y'} v_{x'} - 2m\omega v_{x'} v_{y'} = 0 \tag{8.35}$$

であるから，コリオリの力は質点の速度 $\boldsymbol{v}'$ に対して垂直の向き，すなわち

軌道に対して常に垂直にはたらく(演習問題［8.7］を参照).

コリオリの力の初等的な説明

図 8.7 のように平面内で回転する座標系（K′ 系）の原点 O から x' 軸上の点 P$(r, 0)$ を狙って速度 $\boldsymbol{v}'$ でボールを投げたとしよう．原点 O から投げたから $\boldsymbol{v}' = (v_{x'}, 0)$ である．慣性系からボールの動きを見れば，速度 $v_{x'}$ で直線運動しているから時間 t の間に $r = v_{x'}t$ だけ直進する（ただしボールにはたらく重力は無視する）．しかし，この間に K′ 系は ωt だけ回転するから，点 P の位置に点 P′ がくることになる．このため，点 P を狙って投げたはずのボールが点 P よりも右側の点 P′ に当たることになり，ボールの軌道は角 $\theta = \omega t$ だけ右に曲がったように見える．図からわかるように，これはボールが $y' = -r\theta = -\omega v_{x'}t^2$ だけそれたことと同じである．

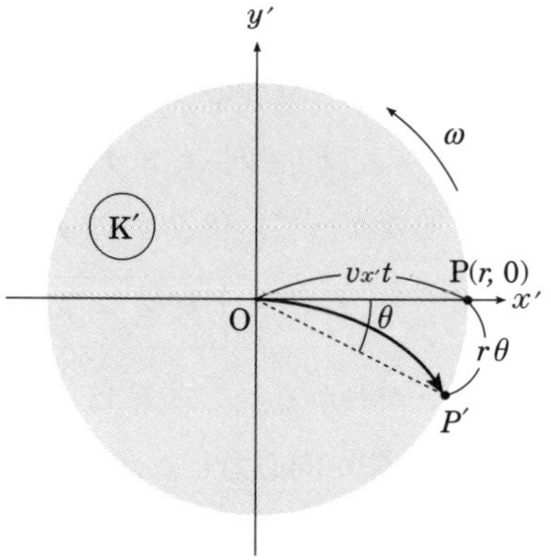

図 8.7 回転台によるコリオリの力の説明

いま，物体の加速度を a' とすれば，この変位は $y' = (1/2)a't^2 = (1/2)(-2\omega v_{x'})t^2$ と書ける．このため回転系から見ると，物体にはその回転とは逆の向きに力 $F_{y'}{}^{\mathrm{co}} = ma' = -2m\omega v_{x'}$ がはたらいて曲がって運動するように見えるという訳である．回転によるこの見かけの力がコリオリの力である(演習問題［8.4］を参照).

コリオリの力による現象

コリオリの力に起因する現象は，地球表面近くで運動する物体に現れる．そして北半球では，ほぼ水平に運動する物体に対しては地球の自転により絶えず右の方へと運動をずらす力がはたらく．例えば低気圧に吹き込む風の方向は，図 8.8 のように気圧の等圧線に垂直ではなく，北半球では常に右側にずれ，その結果，風は反時計回り（左回り）に低気圧の中心を囲むように吹き込む．したがって，**台風**の渦も北半球では反時計回りである．

また，偏西風や貿易風もコリオリの力によるものである．赤道付近では太陽に熱せられた暖かな空気が上昇し，北に向かう風がコリオリの力によって，次第に右にそれて強い西風になる．これが**偏西風（ジェット気流）**とよばれるもので日本上空 12 ～ 16 km 辺りで常に吹いている．一方，赤道付近へ温帯地域から吹き込む風は北半球ではコリオリの力によって右側にずらされるから西にそれていく．これが南西に向かって定常的に吹いている**貿易風**である．なお，海流は北半球では右の方に曲がっていくので，日本列島に沿って流れる黒潮のような**暖流**は時計回りに動く．

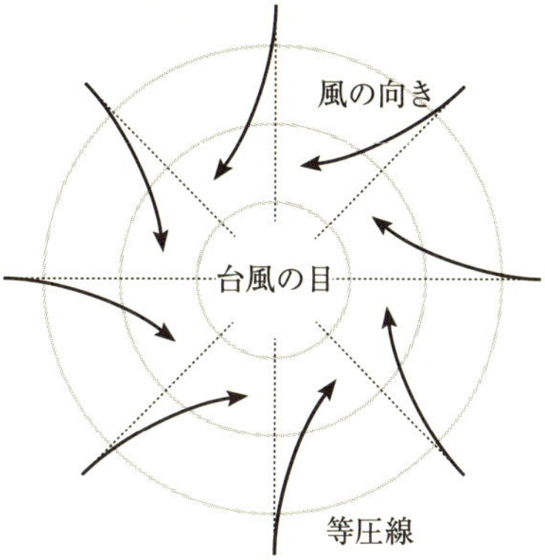

図8.8 台風（北半球）

［例題 8.3］ 図 8.9 のように上端を固定した長さ l のひも（鉛直線と角 θ をなす）の下端に質量 m のおもりを付けて，水平面内で半径 r の等速円運動をさせる（**円錐振り子**という）．おもりには重力 mg とひもの張力 S がはたらいている．このおもりが円軌道を 1 周する時間 T を求めよ．

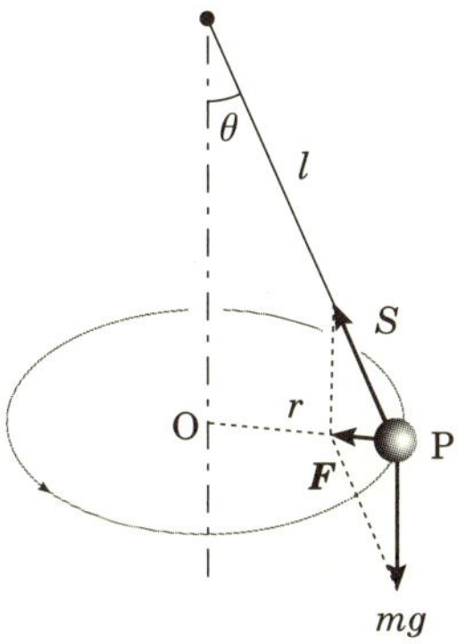

図8.9 円錐振り子

［解］ まず，回転座標系 K′ で考えよう．K′ 系からこの円錐振り子の運動を見ると，一緒に角速度 ω で動いているからおもりは静止して見える．したがって加速度も速度もゼロであるから，運動方程式 (8.24) と (8.25) をまとめると

$$m\frac{d^2x'}{dt^2}\boldsymbol{i}' + m\frac{d^2y'}{dt^2}\boldsymbol{j}' = \boldsymbol{0} = \boldsymbol{F} + m\omega^2\boldsymbol{r} \tag{8.36}$$

を得る．これは，見かけの力である遠心力 $m\omega^2\boldsymbol{r}$ と真の力 $\boldsymbol{F}$ との間のつり合いの

式である．一方，この $\boldsymbol{F}$ 自体は，図8.9からわかるようにひもの張力から生じる原点Oを向いた力である．原点を向いた単位ベクトルは $-\boldsymbol{r}/r$ であるから，この力は

$$\boldsymbol{F} = -\frac{\boldsymbol{r}}{r} S\sin\theta \quad (8.37)$$

と書ける．したがって，つり合いの式(8.36)と(8.37)から $m\omega^2 r = S\sin\theta$ を得る（図8.10を参照）．鉛直方向の関係式 $S\cos\theta = mg$ を用いて S を消去すれば，$m\omega^2 r = mg\tan\theta$ となり，$r = l\sin\theta$ であるから $\omega^2 = g/(l\cos\theta)$ を得る．よって，円錐振り子の周期 T は $T = 2\pi/\omega = 2\pi\sqrt{l\cos\theta/g}$ となる．

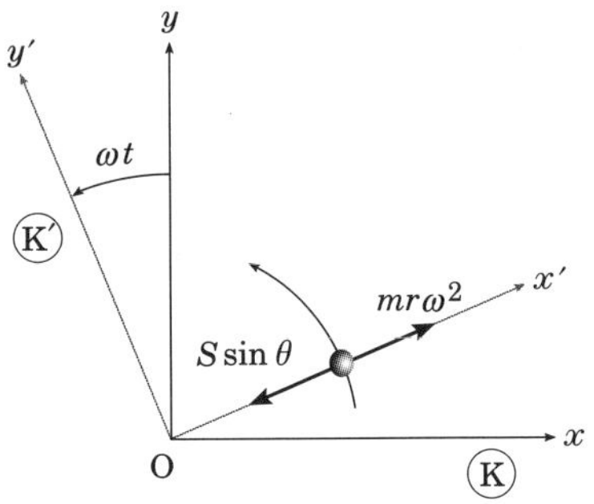

図8.10　K系とK′系との関係

次に，この問題を慣性系Kから見てみよう．K系では運動方程式(8.22)が成り立ち，力 $\boldsymbol{F}$ は円運動を持続させる向心力(8.32)であるから

$$m\frac{d^2\boldsymbol{r}}{dt^2} = -m\omega^2\boldsymbol{r} \tag{8.38}$$

と書ける．この向心力は(8.37)の合力 $\boldsymbol{F}$ と同じものであるから，結局，同じ周期 T が導かれる． ☜

8.3 非慣性系における運動方程式のベクトル表示

これまでに並進加速度系と2次元回転座標系における運動方程式を調べてきたが，ここではベクトルによる簡潔な表記法を示そう．この表記法を用いれば，2次元回転座標系を3次元に自然に拡張することができ，さらに，より一般的な非慣性系である加速度座標系を簡単に作ることができる．このとき7.6節で述べたように，角速度ベクトル $\boldsymbol{\omega}$ が回転座標系の回転軸の役目をする．

2次元回転座標系の再考

これまで考えてきた問題は，すべて z' 軸を回転軸にとったので，$\boldsymbol{\omega}$ の成

分は $(\omega_{x'}, \omega_{y'}, \omega_{z'}) = (0, 0, \omega)$ であった（$\boldsymbol{\omega} = \omega \boldsymbol{k}'$）．したがって，(8.20) の $\boldsymbol{r} = x'\,\boldsymbol{i}' + y'\,\boldsymbol{j}'$ は図 7.16 で原点 O と O′ が一致している場合に対応している（つまり $\theta = \pi/2$）．この $\boldsymbol{r}$ の時間微分は

$$\frac{d\boldsymbol{r}}{dt} = \frac{d}{dt}(x'\,\boldsymbol{i}' + y'\,\boldsymbol{j}') = \frac{dx'}{dt}\boldsymbol{i}' + \frac{dy'}{dt}\boldsymbol{j}' + x'\frac{d\boldsymbol{i}'}{dt} + y'\frac{d\boldsymbol{j}'}{dt} \tag{8.39}$$

であるが，単位ベクトルの時間微分を角速度ベクトル $\boldsymbol{\omega}$ による表現 (7.51) を用いて

$$\frac{d\boldsymbol{i}'}{dt} = \boldsymbol{\omega} \times \boldsymbol{i}', \qquad \frac{d\boldsymbol{j}'}{dt} = \boldsymbol{\omega} \times \boldsymbol{j}' \tag{8.40}$$

と書きかえる．この結果，(8.39) は

$$\frac{d\boldsymbol{r}}{dt} = \frac{dx'}{dt}\boldsymbol{i}' + \frac{dy'}{dt}\boldsymbol{j}' + \boldsymbol{\omega} \times (x'\,\boldsymbol{i}' + y'\,\boldsymbol{j}') \tag{8.41}$$

となる．

ここで，単位ベクトル $\boldsymbol{i}'$，$\boldsymbol{j}'$ は微分しないで（あるいは一定と考えて），成分 (x', y') だけを微分するという約束で

$$\boxed{\frac{\delta \boldsymbol{r}}{\delta t} \equiv \frac{dx'}{dt}\boldsymbol{i}' + \frac{dy'}{dt}\boldsymbol{j}'} \tag{8.42}$$

という記号を導入する．この記号によって，(8.41) の右辺の初めの 2 つの項は記述できるので，(8.41) は

$$\boxed{\frac{d\boldsymbol{r}}{dt} = \frac{\delta \boldsymbol{r}}{\delta t} + \boldsymbol{\omega} \times \boldsymbol{r}} \tag{8.43}$$

とコンパクトに表現することができる．(8.43) は，慣性系から見た質点の速度 $\boldsymbol{v} = d\boldsymbol{r}/dt$ は，回転座標系における質点の速度 $\boldsymbol{v}' = \delta\boldsymbol{r}/\delta t$ と座標の回転によって生じる速度 $\boldsymbol{\omega} \times \boldsymbol{r}$ の和であることを教えている．

例えば，メリーゴーランドの上を速度 $\delta\boldsymbol{r}/\delta t$ で走っている子供がいるとしよう．この子の速度を地上から見れば，当然メリーゴーランドが回転していることによる速度 $\boldsymbol{\omega} \times \boldsymbol{r}$ も足し合わされて観測されるから，地上から見た子供の速度 $\boldsymbol{v} = d\boldsymbol{r}/dt$ は (8.43) のように 2 つの和になるのである．ま

た，子供が走らずに止まっている場合には $\delta\boldsymbol{r}/\delta t = 0$ であるから，(7.51) と同じ式になる．つまりこの場合には，(8.43) は回転している剛体内で位置ベクトル $\boldsymbol{r}$ にある質点 P の速度を表す式と同じものになる．

さらに，(8.43) を時間微分すれば

$$\begin{aligned}\frac{d^2\boldsymbol{r}}{dt^2} &= \frac{d}{dt}\left(\frac{d\boldsymbol{r}}{dt}\right) = \frac{\delta}{\delta t}\left(\frac{d\boldsymbol{r}}{dt}\right) + \boldsymbol{\omega}\times\left(\frac{d\boldsymbol{r}}{dt}\right)\\ &= \frac{\delta}{\delta t}\left(\frac{\delta\boldsymbol{r}}{\delta t} + \boldsymbol{\omega}\times\boldsymbol{r}\right) + \boldsymbol{\omega}\times\left(\frac{\delta\boldsymbol{r}}{\delta t} + \boldsymbol{\omega}\times\boldsymbol{r}\right)\\ &= \frac{\delta^2\boldsymbol{r}}{\delta t^2} + 2\boldsymbol{\omega}\times\frac{\delta\boldsymbol{r}}{\delta t} + \boldsymbol{\omega}\times(\boldsymbol{\omega}\times\boldsymbol{r}) + \frac{\delta\boldsymbol{\omega}}{\delta t}\times\boldsymbol{r}\end{aligned} \tag{8.44}$$

を得る．これに質量 m を掛け，K 系の運動方程式 $\boldsymbol{F} = m\,d^2\boldsymbol{r}/dt^2$ を用いて整理すれば次のようになる．

$$\boxed{m\frac{\delta^2\boldsymbol{r}}{\delta t^2} = \boldsymbol{F} + 2m\frac{\delta\boldsymbol{r}}{\delta t}\times\boldsymbol{\omega} - m\boldsymbol{\omega}\times(\boldsymbol{\omega}\times\boldsymbol{r}) - m\frac{\delta\boldsymbol{\omega}}{\delta t}\times\boldsymbol{r}} \tag{8.45}$$

となる．

(8.45) の右辺の第 2 項目はコリオリの力 (8.34) である (演習問題 [8.6] を参照)．第 3 項目は，付録の A.1 にあるベクトル 3 重積の $BAC - CAB$ 則を使い，$\boldsymbol{r}\cdot\boldsymbol{\omega} = 0$ であることにも注意すれば

$$-m\boldsymbol{\omega}\times(\boldsymbol{\omega}\times\boldsymbol{r}) = m\omega^2\boldsymbol{r} = \boldsymbol{F}^{\mathrm{cf}} \tag{8.46}$$

のように，遠心力 (8.33) であることがわかる．つまり，これは遠心力のベクトル表示である．(8.45) の右辺の第 4 項目は，$\boldsymbol{\omega}$ の時間微分項で角加速度を表すから，回転の加速による力を表す．回転が一様 (回転ムラがない) ならば，$\delta\boldsymbol{\omega}/\delta t = \boldsymbol{0}$ である．このとき (8.45) が (8.28) と同じものになり，(8.28) のベクトル表示が (8.45) であることがわかる．

3 次元回転座標系への拡張

ここまでの話は 2 次元回転座標系で行ってきたが，得られたベクトル方程式 (8.45) は，z' 成分を入れて次元を増やしても本質的には変わらない．つまり，慣性系 K と回転座標系 K′ の原点が同じであれば，空間のある点

を指定する位置ベクトルも同じであるから，慣性系Kと回転座標系K′で

$$\boxed{\boldsymbol{r} = x\,\boldsymbol{i} + y\,\boldsymbol{j} + z\,\boldsymbol{k} = x'\,\boldsymbol{i}' + y'\,\boldsymbol{j}' + z'\,\boldsymbol{k}'} \tag{8.47}$$

と3次元に書きかえるだけで，(8.45) はそのまま3次元回転座標系の式になる．

加速度座標系

これまでに遠心力やコリオリの力などの見かけの力が回転座標系に現れることをみてきたが，より一般的な非慣性系は，慣性系（K系）から見て回転運動と並進加速度運動を同時に行っている加速度座標系（K′系）である．

図8.11のように質点Pの位置を，K系の原点Oから $\boldsymbol{r}$，K′系の原点O′から $\boldsymbol{r}'$ とし，原点O′の位置を原点Oから $\boldsymbol{r}_0$ とすれば

$$\boxed{\boldsymbol{r} = \boldsymbol{r}_0 + \boldsymbol{r}'} \tag{8.48}$$

という関係がある．K系に対する質点の速度 $\boldsymbol{v}$ と加速度 $\boldsymbol{a}$ は，(8.48) の時間微分より

$$\boldsymbol{v} = \frac{d\boldsymbol{r}}{dt} = \frac{d\boldsymbol{r}_0}{dt} + \frac{d\boldsymbol{r}'}{dt}$$

$$\boldsymbol{a} = \frac{d^2\boldsymbol{r}}{dt^2} = \frac{d^2\boldsymbol{r}_0}{dt^2} + \frac{d^2\boldsymbol{r}'}{dt^2} \tag{8.49}$$

である．

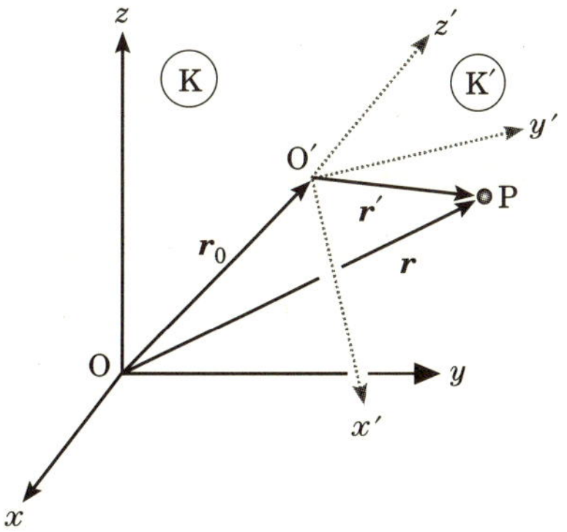

図8.11 加速度座標系

K′系は原点O′を通る回転軸の周りに角速度 $\boldsymbol{\omega}$ で回転しているから，(8.49) の $d\boldsymbol{r}'/dt$ と $d^2\boldsymbol{r}'/dt^2$ はそれぞれ (8.43) と (8.44) と同じものである．そこで，(8.49) の加速度 $\boldsymbol{a}$ の式に質量 m を掛けて，これを (8.44) と $m\,d^2\boldsymbol{r}/dt^2 = \boldsymbol{F}$ で書きかえれば，加速度座標系K′の運動方程式は

$$ m\boldsymbol{a}' = \boldsymbol{F} + 2m\boldsymbol{v}' \times \boldsymbol{\omega} - m\boldsymbol{\omega} \times (\boldsymbol{\omega} \times \boldsymbol{r}') - m\frac{\delta\boldsymbol{\omega}}{\delta t} \times \boldsymbol{r}' - m\frac{d^2\boldsymbol{r}_0}{dt^2} \tag{8.50} $$

で与えられる．ここで $\boldsymbol{v}' = \delta\boldsymbol{r}'/\delta t$ と $\boldsymbol{a}' = \delta^2\boldsymbol{r}'/\delta t^2$ は，それぞれK′系での質点の速度と加速度である．もしK′系が並進加速度運動をせず（$d^2\boldsymbol{r}_0/dt^2 = \boldsymbol{0}$），かつ，原点OとO′が一致していれば（$\boldsymbol{r}' = \boldsymbol{r}$），この式は回転座標系（8.45）と一致する．また，K′系が回転していなければ（$\boldsymbol{\omega} = \boldsymbol{0}$），この式は並進加速度系（8.9）に一致する．

ところで，地球は自転しているから，厳密にいえば，地上に設定する座標系は慣性系ではない．地球が慣性系（宇宙空間）に対して自転している証拠は，ガリレイ，ニュートンを含む多くの科学者たちによって探究されたが，1851年にフーコーによって，現在フーコーの振り子とよばれる簡単な装置を用いて見事に示された．地球を非慣性系として厳密に扱う場合，図8.11の加速度座標系の原点Oを地球の中心にとって，原点O′を地表面上の点に選べば，この加速度座標系が地表近くの物体の運動を記述する適切な座標系を与える．この座標系のもとで（8.50）を解けば，地表近くでの運動を正しく求めることができる（演習問題［8.8］を参照）．

演習問題

［8.1］ 電車の中におもりを吊るしている．この電車が半径500 mのカーブを時速80 km（= 22 m/s）の速さで走るとき，おもりを吊るしたひもは鉛直線から θ だけ傾く．この角度 θ を求めよ．

［8.2］ 地球の自転による遠心力の加速度の大きさ a は緯度で異なる．赤道での a は重力加速度 $g = 9.8\,\mathrm{m/s^2}$ の何倍であるかを求めよ．地球の半径を $R = 6400$ km とする．

［8.3］ 水の入っているバケツを手に持って，半径1.5 mの円を描いて鉛直面内で回す．バケツが頭上にきても，水がこぼれないための最小の回転数 f を求めよ．

［8.4］ メリーゴーランドの中央に立っている人が，足下に置いてある鉄製の球を軽く蹴った．球の運動は，地上にいる人とメリーゴーランド上にいる人でどの

ように見えるか．そして，それはどのように解釈されるかを述べよ．

［**8.5**］ 中空のガラス管を図 8.7 のような水平な回転台の x' 軸に一致させて固定する．このとき，管の一端は原点 O に一致させる．これによって管内の任意の位置が座標（x', 0）で指定できる．いま，ビー球のような小球を位置 $\mathrm{P}(x_0, 0)$ に置いてから，この台を角速度 ω で回転させる．このときの小球の運動を，まず回転座標系 K′ で考えて，(8.24) と (8.25) から小球の運動方程式を立てよ．そして，初期条件を $x'(0) = x_0$, $\dot{x}'(0) = 0$ として，小球の位置 $x'(t)$，小球の速度 $v_{x'}$ と小球が棒から受ける垂直抗力 R を求めよ．ただし，小球と管壁には摩擦はないとする．

次に，この問題を慣性系 K で考えて，2 次元極座標表示の運動方程式（5.16）と（5.17）を用いて，同じ条件のもとで解いてみよ．

［**8.6**］ コリオリの力は，(8.45) のように $\boldsymbol{v}'$ と $\boldsymbol{\omega}$ のベクトル積で作られている（ただし，$\boldsymbol{v}' = \delta\boldsymbol{r}/\delta t$）．次元解析から，これだけが加速度ベクトルになることを確認せよ．

［**8.7**］ 大きな円板が中心を通る鉛直軸の周りに一定の角速度 ω で，上から見て反時計回りに回っている．鉛直軸に沿って上向きに z 軸を，円板に固定して x, y 軸をとる．円板上の点 $\mathrm{P}(x, y)$ に質量 M の人が立っているとしよう．原点から P までの距離 r は $r = \sqrt{x^2 + y^2}$ である．円板の表面は粗くて滑らないとする．

（1）人が立ったままの状態のとき，この人は重力と床の垂直抗力のほかにどのような力を感じるか．

（2）人が点 P から円板に対して一定の速度 $\boldsymbol{v} = (v_x, v_y)$ で歩き出すとき，（1）以外の水平方向に感じる力の x, y 成分 F_x, F_y を求めよ．また，$v = 1\,\mathrm{m/s}$ のときの力の大きさを求めよ．

（3）F_x, F_y を感じないようにするには，どの向きにどのような速さで歩けばよいか．なお，$\omega = \pi/4\,[1/\mathrm{s}]$, $r = 1\,\mathrm{m}$ とする．

［**8.8**］ 赤道上の港に停泊している船のマストの先端（高さ h）に立って鉄の球をマストの真下の根本を狙って静かに落とす．船は完全に停止していても，球はマストの根本より $d = h\omega\sqrt{2h/g}$ だけ東側にずれて落下する．このズレ d を，マストの先端は根本に比べて速さ $v = \omega h$ で東方に向かって運動しているという事実を用いて導け．ただし，ω は地球の自転の角速度である．また，空気の抵抗は無視する．

付録　数学公式

A.1　ベクトル

スカラー積（内積）

図のように2つのベクトル $\boldsymbol{A}$ と $\boldsymbol{B}$ の間の角度を θ とするとき

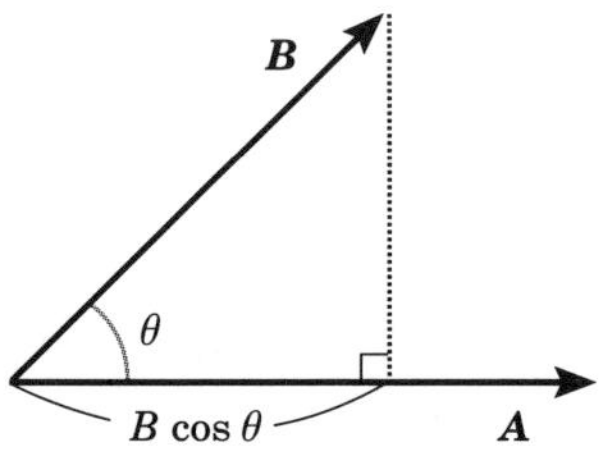

$$\boldsymbol{A}\cdot\boldsymbol{B} = AB\cos\theta$$

を**スカラー積（内積）**といい，$\boldsymbol{A}\cdot\boldsymbol{B}$ は A ドット B と読む．$\boldsymbol{A}$ と $\boldsymbol{B}$ が直交するときは $\theta=\pi/2$ であるから，スカラー積はゼロとなる．$\boldsymbol{A}=A_x\,\boldsymbol{i}+A_y\,\boldsymbol{j}+A_z\,\boldsymbol{k}$ と $\boldsymbol{B}=B_x\,\boldsymbol{i}+B_y\,\boldsymbol{j}+B_z\,\boldsymbol{k}$ に対して，$\boldsymbol{A}\cdot\boldsymbol{B}=A_xB_x+A_yB_y+A_zB_z$ である．

スカラー積の分配，結合則

$$\boldsymbol{A}\cdot\boldsymbol{B}=\boldsymbol{B}\cdot\boldsymbol{A}\quad(\text{可換}),\qquad \boldsymbol{A}\cdot(\boldsymbol{B}+\boldsymbol{C})=\boldsymbol{A}\cdot\boldsymbol{B}+\boldsymbol{A}\cdot\boldsymbol{C}\quad(\text{分配則})$$

$$(a\boldsymbol{A})\cdot\boldsymbol{B}=a(\boldsymbol{A}\cdot\boldsymbol{B})=\boldsymbol{A}\cdot(a\boldsymbol{B})\quad(a\text{ は定数})$$

単位ベクトルのスカラー積

$$\boldsymbol{i}\cdot\boldsymbol{i}=\boldsymbol{j}\cdot\boldsymbol{j}=\boldsymbol{k}\cdot\boldsymbol{k}=1,\qquad \boldsymbol{i}\cdot\boldsymbol{j}=\boldsymbol{j}\cdot\boldsymbol{k}=\boldsymbol{k}\cdot\boldsymbol{i}=0$$

ベクトル積（外積）

$$\boldsymbol{A}\times\boldsymbol{B}=(A_yB_z-A_zB_y)\,\boldsymbol{i}+(A_zB_x-A_xB_z)\,\boldsymbol{j}+(A_xB_y-A_yB_x)\,\boldsymbol{k}$$

$$\boldsymbol{B}\times\boldsymbol{A}=-\boldsymbol{A}\times\boldsymbol{B}\quad(\text{反可換}),\qquad \boldsymbol{A}\times\boldsymbol{A}=\boldsymbol{0}$$

$$\boldsymbol{A}\times(\boldsymbol{B}+\boldsymbol{C})=\boldsymbol{A}\times\boldsymbol{B}+\boldsymbol{A}\times\boldsymbol{C}\quad(\text{分配則})$$

$$\boldsymbol{A}\cdot(\boldsymbol{B}\times\boldsymbol{C})=(\boldsymbol{A}\times\boldsymbol{B})\cdot\boldsymbol{C}\quad(\text{スカラー3重積})$$

$$\boldsymbol{A}\times(\boldsymbol{B}\times\boldsymbol{C})=\boldsymbol{B}(\boldsymbol{A}\cdot\boldsymbol{C})-\boldsymbol{C}(\boldsymbol{A}\cdot\boldsymbol{B})$$

（**ベクトル3重積**（$BAC-CAB$則））

直交単位ベクトルのベクトル積

$$\boldsymbol{i}\times\boldsymbol{j}=\boldsymbol{k},\qquad \boldsymbol{j}\times\boldsymbol{k}=\boldsymbol{i},\qquad \boldsymbol{k}\times\boldsymbol{i}=\boldsymbol{j}$$

$$\boldsymbol{i}\times\boldsymbol{i}=\boldsymbol{0},\qquad \boldsymbol{j}\times\boldsymbol{j}=\boldsymbol{0},\qquad \boldsymbol{k}\times\boldsymbol{k}=\boldsymbol{0}$$

ベクトルの微分

$$\frac{d(\boldsymbol{A}\cdot\boldsymbol{B})}{dt}=\frac{d\boldsymbol{A}}{dt}\cdot\boldsymbol{B}+\boldsymbol{A}\cdot\frac{d\boldsymbol{B}}{dt},\qquad \frac{d(\boldsymbol{A}^2)}{dt}=\frac{dA^2}{dt}=2\boldsymbol{A}\cdot\frac{d\boldsymbol{A}}{dt}$$

$$\frac{d(\boldsymbol{A}\times\boldsymbol{B})}{dt}=\frac{d\boldsymbol{A}}{dt}\times\boldsymbol{B}+\boldsymbol{A}\times\frac{d\boldsymbol{B}}{dt}$$

A.2　微分（1変数関数の微分）

任意の関数 $f(x)$，$g(x)$ に対する微分（記号 $'$ は x による微分 d/dx）

$$(fg)'=f'g+fg',\qquad \left(\frac{f}{g}\right)'=\frac{1}{g^2}(f'g-fg')$$

初等関数に対する微分

$$(x^n)'=nx^{n-1},\qquad (e^x)'=e^x,\qquad (e^{ax})'=ae^{ax}$$

$$(a^x)'=a^x\log a,\qquad (\log x)'=\frac{1}{x},\qquad (\log_a x)'=\frac{1}{x\log a}$$

三角関数に対する微分

$$(\sin ax)'=a\cos ax,\qquad (\cos ax)'=-a\sin ax$$

$$(\tan ax)'=a\sec^2 ax,\qquad (\cot x)'=-\operatorname{cosec}^2 x$$

$$(\sec x)'=(\sec x)(\tan x),\qquad (\operatorname{cosec} x)'=-(\operatorname{cosec} x)(\cot x)$$

A.3　偏微分（多変数関数の微分）

2変数関数を $f(x, y)$ という記号で表す．$f(x, y)$ を x で微分するときは y を定数と見なす．同様に，$f(x, y)$ を y で微分するときは x を定数と見なす．このような微分を**偏微分**という．偏微分は，次のような書き方をする．

$$f_x=\frac{\partial f}{\partial x},\qquad f_y=\frac{\partial f}{\partial y},\qquad f_{xx}=\frac{\partial^2 f}{\partial x^2},\qquad f_{xy}=\frac{\partial^2 f}{\partial x\,\partial y}$$

変数が多くなっても，演算は同じである．

偏微分の計算例

（1）　$f(x, y, z)=x^3y^2z$ に対して

$$f_x=3x^2y^2z,\qquad f_y=2x^3yz,\qquad f_{yx}=6x^2yz,\qquad f_{zy}=2x^3y$$

（2）　$f(x, y, z)=(x^2+y^2+z^2)^{-1/2}$ に対して

$$f_x=\frac{\partial}{\partial x}\left(\frac{1}{(x^2+y^2+z^2)^{1/2}}\right)=-\frac{x}{(x^2+y^2+z^2)^{3/2}}$$

全微分

2点 (x, y) と $(x+\Delta x, y+\Delta y)$ における関数 $f(x, y)$ の値の差 Δf は，Δx と Δy が微小量であればテイラー展開して

$$\varDelta f = f(x+\varDelta x, y+\varDelta y) - f(x, y) \approx \frac{\partial f}{\partial x}\varDelta x + \frac{\partial f}{\partial y}\varDelta y$$

となる．ここで，$\varDelta x \to 0$，$\varDelta y \to 0$ の極限で $\varDelta x = dx$，$\varDelta y = dy$ と書けば

$$df = \frac{\partial f}{\partial x}dx + \frac{\partial f}{\partial y}dy$$

で定義される**全微分**を得る．

2変数関数の合成関数に対する微分

z は x, y を変数とする関数であり，また変数 x, y 自身もほかの2つの変数 r, s の関数であるとして，これらを $z = f(x, y)$，$x = g(r, s)$，$y = h(r, s)$と書けば，変数 r, s による関数 z の偏微分は

$$\frac{\partial z}{\partial r} = \frac{\partial z}{\partial x}\frac{\partial x}{\partial r} + \frac{\partial z}{\partial y}\frac{\partial y}{\partial r}, \qquad \frac{\partial z}{\partial s} = \frac{\partial z}{\partial x}\frac{\partial x}{\partial s} + \frac{\partial z}{\partial y}\frac{\partial y}{\partial s}$$

となる．特に，x, y が1つの変数 t の関数であるならば，これらはともに

$$\frac{dz}{dt} = \frac{\partial z}{\partial x}\frac{dx}{dt} + \frac{\partial z}{\partial y}\frac{dy}{dt}$$

となる．変数が増えても，同じような合成関数の微分公式が成り立つ．この両辺に dt を掛けると $dz = (\partial z/\partial x)\,dx + (\partial z/\partial y)\,dy$ となるから，全微分と同じ形になる．

A.4　不 定 積 分　（以下の公式では，右辺に必要な積分定数は省略している．）

$$\int x^p\,dx = \frac{x^{p+1}}{p+1} \quad (p \neq -1), \qquad \int e^{ax}\,dx = \frac{1}{a}e^{ax}$$

$$\int a^x\,dx = \int e^{x\log a}\,dx = \frac{a^x}{\log a}, \qquad \int \frac{1}{x}\,dx = \log_e x$$

$$\int \sin ax\,dx = -\frac{1}{a}\cos ax$$

$$\int \tan ax\,dx = -\frac{1}{a}\log|\cos ax|$$

$$\int fg'\,dx = fg - \int f'g\,dx \qquad \text{（部分積分）}$$

A.5　テイラー展開

1変数関数のテイラー展開

区間［a，b］において連続で微分可能な関数 $f(x)$のテイラー級数

$$f(x) = a_0 + a_1(x-\alpha) + a_2(x-\alpha)^2 + a_3(x-\alpha)^3 + \cdots$$

の各係数 a_i $(i = 0, 1, \cdots)$を

$$f(x) = f(\alpha) + f'(\alpha)(x-\alpha) + \frac{1}{2!}f''(\alpha)(x-\alpha)^2 + \frac{1}{3!}f'''(\alpha)(x-\alpha)^3 + \cdots$$

のように決めたものを，$x = \alpha$ の周りでの**テイラー展開**という．ただし，α は区

間 $[a,\ b]$ 内にある数である．テイラー展開の導出は，テイラー級数を x で順次微分して，微分の各式で $x = \alpha$ とおいて，$f'(\alpha) = a_1$，$f''(\alpha) = 2a_2$，$\cdots$ のように係数を決めていけばできる．特に，テイラー展開で $\alpha = 0$ の場合には，$f(x)$ は

$$f(x) = f(0) + f'(0)\,x + \frac{1}{2!}f''(0)\,x^2 + \frac{1}{3!}f'''(0)\,x^3 + \cdots$$

という x のベキ級数になる．このような原点の周りでのテイラー展開のことを**マクローリン展開**という．

$$e^x = 1 + x + \frac{1}{2!}x^2 + \frac{1}{3!}x^3 + \cdots = \sum_{n=0}^{\infty}\frac{x^n}{n!}$$

$$\begin{aligned} e^{ix} &= 1 + ix + \frac{(ix)^2}{2!} + \frac{(ix)^3}{3!} + \frac{(ix)^4}{4!} + \frac{(ix)^5}{5!} + \cdots \\ &= \left(1 - \frac{x^2}{2!} + \frac{x^4}{4!} - \cdots\right) + i\left(x - \frac{x^3}{3!} + \frac{x^5}{5!} - \cdots\right) \\ &= \cos x + i\sin x \qquad \text{（オイラーの公式）} \end{aligned}$$

$$\sin x = x - \frac{x^3}{3!} + \frac{x^5}{5!} - \frac{x^7}{7!} + \cdots = \sum_{n=1}^{\infty}(-1)^{n-1}\frac{x^{2n-1}}{(2n-1)!}$$

$$\cos x = 1 - \frac{x^2}{2!} + \frac{x^4}{4!} - \frac{x^6}{6!} + \cdots = \sum_{n=1}^{\infty}(-1)^{n-1}\frac{x^{2n-2}}{(2n-2)!}$$

$$\ln(1 + x) = x - \frac{x^2}{2} + \frac{x^3}{3} - \frac{x^4}{4} + \cdots = \sum_{n=1}^{\infty}(-1)^{n-1}\frac{x^n}{n} \qquad (-1 < x \leqq 1)$$

$$(1 + x)^p = 1 + px + \frac{p(p-1)}{2!}x^2 + \cdots \qquad (|x| < 1\,;\ 2\text{ 項級数})$$

2 変数関数のテイラー展開

1 変数関数のテイラー展開の考え方は一般化できる．関数 $f(x,\ y)$ を $x = x_0$ と $y = y_0$ の周りで次のように展開することができる（$h = x - x_0,\ k = y - y_0$）．

$$f(x_0 + h,\ y_0 + k) = f(x_0,\ y_0) + \left(h\frac{\partial}{\partial x} + k\frac{\partial}{\partial y}\right)f(x_0,\ y_0) + \frac{1}{2!}\left(h\frac{\partial}{\partial x} + k\frac{\partial}{\partial y}\right)^2 f(x_0,\ y_0) + \cdots$$

A.6 三角関数

三角関数の合成

$$A\cos x + B\sin x = \sqrt{A^2 + B^2}\sin(x + \alpha) \qquad \left(\tan\alpha = \frac{A}{B}\right)$$

$$A\cos x - B\sin x = \sqrt{A^2 + B^2}\cos(x + \beta) \qquad \left(\tan\beta = \frac{B}{A}\right)$$

$$\sin A + \sin B = 2\sin\frac{A + B}{2}\cos\frac{A - B}{2}$$

$$\cos A + \cos B = 2\cos\frac{A + B}{2}\cos\frac{A - B}{2}$$

半角・倍角の公式

$$\sin^2\frac{x}{2}=\frac{1}{2}(1-\cos x),\qquad \cos^2\frac{x}{2}=\frac{1}{2}(1+\cos x)$$

$$\sin 2x=2\sin x\cos x=\frac{2\tan x}{1+\tan^2 x},\qquad \cos 2x=2\cos^2 x-1=\frac{1-\tan^2 x}{1+\tan^2 x}$$

$$\sin 3x=-4\sin^3 x+3\sin x,\qquad \cos 3x=4\cos^3 x-3\cos x$$

A.7　指数関数と対数関数

指数関数

指数関数とは，ある数 $a\,(>0)$ のベキ乗，つまり a，a^2，a^3，…，a^n，…に現れるベキ指数 n を連続変数 x に拡張した $y=a^x$ のことである．特に，$y=e^x$, $y=10^x$ などがよく使われる．ここで，e は**自然対数の底**（てい）（e はオイラー（Euler）の頭文字に由来）とよばれる無理数で，$e=2.71828\cdots$ である．e^x は $\exp x$ と書くこともあり，エクスポネンシャル x と読む．

対数関数

対数関数とは，指数関数 $y=a^x$ の逆関数 $x=\log_a y$ のことである．特に，$a=e, 10$ に対しては

$$x=\log_e y=\ln y\quad\text{（自然対数）},\qquad x=\log_{10} y=\log y\quad\text{（常用対数）}$$

のような表記が用いられる．

対数関数の基本的性質

$$\log_a xy^n=\log_a x+n\log_a y,\qquad \log_a 1=0$$

$$\log_a x=\frac{\log_c x}{\log_c a}\qquad (c>0,\ c\neq 1)$$

$$a^x=e^{x\ln a},\qquad \ln e^x=x,\qquad e^{\ln x}=x$$

演習問題解答

第 1 章

［**1.1**］ (a) 変位は 0 である．(b) 変位は直径になるから 2 km である．

［**1.2**］ (1) 点 B を始点とし点 A を終点とするベクトルと同じ向きで，長さが1/2 のベクトルである．

(2) 原点を始点とし，2 点 A と B の中点を終点とするベクトルである．

(3) (2)の $\boldsymbol{r}_{\mathrm{D}}$ を書きかえたものであるから，題意が示せる．

［**1.3**］ (a) 軌道は $r = a$ で等速円運動する．

(b) 軌道は $r = (a/c)\theta + b$ となるので，渦巻き運動をする．

［**1.4**］ 大きさは $\bar{a} = (21 - 0)/30 = 0.7\,\mathrm{m/s^2}$ で，向きは進行方向である．

［**1.5**］ 大きさは $\bar{a} = |(0 - 90)/60| = |-1.5| = 1.5\,\mathrm{m/s^2}$ で，向きは進行方向と逆である．

［**1.6**］ 速度の成分は $v_x = 30$，$v_y = 40 - 10t$ で，加速度の成分は $a_x = 0$，$a_y = -10$ である．軌道は $y = -(5/900)(x - 120)^2 + 80$ だから $t = 0$ に原点を通過し，$t = 4$ で y の最高点 $(x, y) = (120, 80)$ を通る放物軌道である．

［**1.7**］ 大きさは $a = \dot{v} = -c\dot{x}/3 = -cv/3 = -c^2(1 - x/3)/3$ となる．

［**1.8**］ 角速度は $\omega = 2\pi f = 2\pi \times 33/60 = 3.45\,\mathrm{rad/s}$ である．

第 2 章

［**2.1**］ 加速度は $a = F/m = 5/1 = 5\,\mathrm{m/s^2}$ である．

［**2.2**］ 加速度は $a = (0 - 20)/5 = -4\,\mathrm{m/s^2}$，つまり進行方向とは逆向きに $4\,\mathrm{m/s^2}$ である．走行距離は $d = v_0t/2 = 20 \times 5/2 = 50\,\mathrm{m}$ である．なお，$d = -v_0^2/2a$ を使ってもよい．

［**2.3**］ $V\,[\mathrm{km/h}] = V/3.6\,[\mathrm{m/s}] = v_0$ なので，加速度は $a = v_0^2/2d = (V/3.6)^2/2(V^2/100) = 3.9\,\mathrm{m/s^2}$ である．

［**2.4**］ 初めの 2 秒間は等加速度運動 $x(t) = at^2/2$ より $x(2) = 2a$ で，このときの速度は速度 $v(t) = at$ より $v(2) = 2a$ である．次の 8 秒間は等速度運動 $x(t)$

$= vt$ を使って $x(8) = 16a$ だから $x(2) + x(8) = 18a = 100$，したがって $F = ma = 500\,\mathrm{N}$ である．$1\,\mathrm{N} \approx 0.1\,\mathrm{kgw}$ であるから $F = 50\,\mathrm{kgw}$ の力を出している．

[**2.5**] 高さ $h = v_0^2/2g > 68$ より $v_0 > \sqrt{2 \times 9.8 \times 68} = 36.5\,\mathrm{m/s}$ である．

[**2.6**] 高度 h の飛行機（この座標を Q とする）から物資を点 P に向かって投下した瞬間を座標の原点にとる．つまり，$\mathrm{Q} = (0, h)$，$\mathrm{P} = (x_1, 0)$．ここで $h = x_1 \tan\theta_0$ である．軌道の式 $y = -gx^2/2v_0^2 + h$ より $x_1 = \sqrt{2v_0{}^2 h/g}$ であるから $\tan\theta_0 = h/x_1 = \sqrt{gh}/\sqrt{2}v_0 = 0.221$ である．

[**2.7**] 初期条件 $x_0 = 0$，$y_0 = h$，$v_{x0} = v_0 \cos\theta$，$v_{y0} = v_0 \sin\theta$ の場合のボールの座標は $y = -gt^2/2 + v_0 t \sin\theta + h$，$x = v_0 t \cos\theta$ である．$y = 0$ のときの t の値（正の根）を x に代入して整理すると，到達距離を決める式 $gx^2 \sec^2\theta - 2xv_0^2 \tan\theta - 2v_0^2 h = 0$ を得る．これを x について解くと，$x = (v_0^2 \sin 2\theta / 2g)(1 + \sqrt{1 + 2gh/v_0^2 \sin^2\theta})$ を得る．

[**2.8**] [2.7] における到達距離を決める式を θ で微分すると（$x' = dx/d\theta$ と書く）$2gx^2 \sec^2\theta \tan\theta + 2gxx' \sec^2\theta - 2v_0^2 x' \tan\theta - 2v_0^2 x \sec^2\theta = 0$ を得る．最大到達距離を D，そのときの θ を θ_0 とすると，$\theta = \theta_0$ で $x' = 0$ なので $2D \sec^2\theta_0 (v_0^2 - gD \tan\theta_0) = 0$ を得る．これより $\tan\theta_0 = v_0^2/gD$，$\sec^2\theta_0 = (g^2D^2 + v_0^4)/g^2D^2$ である．これらを到達距離を決める式に代入すれば，$D = (v_0\sqrt{v_0^2 + 2gh})/g$，$\tan\theta_0 = v_0/\sqrt{v_0^2 + 2gh}$ を得る．

なお，この結果が正しいかをチェックするために，$h = 0$ とおいてみよう．このとき，$D = v_0^2/g$, $\tan\theta_0 = 1\,(\theta_0 = 45^\circ)$ であるから，確かに例題 2.5 と同じ結論が導びける．このように簡単な値を入れて，得られた結果の妥当性をチェックする習慣を身につけることは大切である．

[**2.9**] $b \to 0$ に対して $v_x(t) = v_{x0}e^{-bt} = v_{x0}$ であるが，これ以外のものは分母に b を含むから e^{-bt} の展開を使う．$v_y(t)$ と $x(t)$ に対しては $e^{-bt} = 1 - bt$ を使い，y に対しては $e^{-bt} = 1 - bt + b^2t^2/2$ を用いると $v_y(t) = (v_{y0} + g/b)(1 - bt) - g/b = v_{y0} - gt$，$x(t) = v_{x0}t + x_0$，$y(t) = -gt/b + (v_{y0} + g/b)\{1 - (1 - bt + b^2t^2/2)\}/b + y_0 = v_{y0}t - gt^2/2 + y_0$ を得る．この結果，抵抗がない場合は自由な放物運動(2.32)，(2.33) と一致することがわかる．

[**2.10**] 鉛直上向きに y 軸をとると運動方程式は $m\dot{v} = -mg + kv^2$ である．終端速度は合力がゼロとなる速度だから右辺をゼロとおいて $v_\mathrm{t} = \sqrt{mg/k}$ である．時刻 t における速度は運動方程式を v で積分して $v(t) = -v_\mathrm{t}(1 - e^{\alpha t})/(1 + e^{\alpha t})$ である．ここで $\alpha = -2g/v_\mathrm{t}$ とおいた．さらに，これを $dy = v\,dt$ を用いて積分すれば $y(t) = h - v_\mathrm{t}[t - (v_\mathrm{t}/g) \ln\{2/(1 + e^{\alpha t})\}]$ を得る．

第 3 章

[**3.1**] （1） $W = mgh = 20 \times 9.8 \times 1 = 196\,\mathrm{J}$.（2） 力の向きと変化が直交しているから $W = 0$.

[**3.2**] $v(t) = 40 - at, v(5) = 0$ より $a = 8\,\mathrm{m/s^2}$ であるから，力は $F = ma = 160\,\mathrm{N}$，仕事は $W = mv^2/2 = 16000\,\mathrm{J}$ である.

[**3.3**] 運動エネルギーを用いて，仕事は $W = mv^2/2 = 60 \times 8^2/2 = 1920\,\mathrm{J}$ となる.

[**3.4**] 力の成分は $F_x = -Ax/r^3$，$F_y = -Ay/r^3$，$F_z = -Az/r^3$ である. $\boldsymbol{F} = F_x\,\boldsymbol{i} + F_y\,\boldsymbol{j} + F_z\,\boldsymbol{k} = -(A/r^2)(\boldsymbol{r}/r)$となるから，大きさ $F = A/r^2$ で，原点を向いたベクトルである（$\boldsymbol{r}/r$ は r 方向の単位ベクトルである）. つまり，原点からの距離の 2 乗に反比例した大きさの引力である.

[**3.5**] $F_x = -\partial U/\partial x = axy$ より $U = -ax^2y/2 + f(y)$，$F_y = -\partial U/\partial y = bx^2 + y^2$ より $U = -bx^2y - y^3/3 + g(x)$ を得る. 両方の U が等しいためには，$b = a/2, f(y) = -y^3/3, g(x) = 0$ でなければならない. これから $U = -ax^2y/2 - y^3/3$ であることがわかる.

[**3.6**] 運動方程式(2.2)と $d\boldsymbol{r} = \boldsymbol{v}\,dt$ とのスカラー積を作り変形すれば $\boldsymbol{F}\cdot d\boldsymbol{r} = (m\,d\boldsymbol{v}/dt)\cdot d\boldsymbol{r} = (m\,d\boldsymbol{v}/dt)\cdot(\boldsymbol{v}\,dt) = (m\boldsymbol{v})\cdot(d\boldsymbol{v}/dt)dt = m\boldsymbol{v}\cdot d\boldsymbol{v}$ を得る. $d\boldsymbol{v}^2/dt = 2\boldsymbol{v}\cdot(d\boldsymbol{v}/dt)$ であるから，両辺に dt を掛けて $\boldsymbol{v}\cdot d\boldsymbol{v} = d\boldsymbol{v}^2/2$ となる. (3.5)の定積分を，位置 A での速度を $\boldsymbol{v}_\mathrm{A}$，位置 B での速度を $\boldsymbol{v}_\mathrm{B}$ として実行すれば $W_\mathrm{AB} = \int_\mathrm{A}^\mathrm{B} \boldsymbol{F}\cdot d\boldsymbol{r} = \frac{m}{2}\int_{\boldsymbol{v}_\mathrm{A}}^{\boldsymbol{v}_\mathrm{B}} d\boldsymbol{v}^2 = \frac{1}{2}(m\boldsymbol{v}_\mathrm{B}{}^2 - m\boldsymbol{v}_\mathrm{A}{}^2)$ となる.

なお，この線積分は，A を $\boldsymbol{r}_\mathrm{A} = (x_\mathrm{A}, y_\mathrm{A}, z_\mathrm{A})$，B を $\boldsymbol{r}_\mathrm{B} = (x_\mathrm{B}, y_\mathrm{B}, z_\mathrm{B})$，$\boldsymbol{F} = (F_x, F_y, F_z)$ とすれば，$\int_\mathrm{A}^\mathrm{B} \boldsymbol{F}\cdot d\boldsymbol{r} = \int_{x_\mathrm{A}}^{x_\mathrm{B}} F_x\,dx + \int_{y_\mathrm{A}}^{y_\mathrm{B}} F_y\,dy + \int_{z_\mathrm{A}}^{z_\mathrm{B}} F_z\,dz$ を表している.

[**3.7**] 水平な道路だから(3.29)に $U_\mathrm{B} = U_\mathrm{A}$ と $K_\mathrm{B} = 0$ を代入すれば $-K_\mathrm{A} = -mv^2/2 = -Fd = -\mu mgd$ である. したがって，走行距離は $d = v^2/2\mu g = 17^2/(2 \times 1 \times 9.8) = 14.7 = 15\,\mathrm{m}$ である.

[**3.8**] 物体にはたらく力 $F = ma = mg\sin\theta + \mu mg\cos\theta$ による仕事 Fd が運動エネルギー $mv^2/2$ に等しいから，$d = mv^2/2F = v^2/2a$ である. 加速度は $a = g(\sin\theta + \mu\cos\theta) = 9.8(\sin 30^\circ + 0.3\cos 30^\circ) = 7.4\,\mathrm{m/s^2}$ であるから $d = 6.8\,\mathrm{m}$ である.

第 4 章

[**4.1**] (1) ポテンシャルエネルギーは $U = kx^2/2 = 100 \times 0.1^2/2 = 0.5\,\mathrm{J}$ である.

(2) $mV^2/2 = U$ より, 最大速度は $V = \sqrt{2U/m} = \sqrt{2 \times 0.5/5} = 0.45\,\mathrm{m/s}$ である.

[**4.2**] 月における重力加速度を g_{m} とすれば, T_{m} は地球の T に比べて, $T_{\mathrm{m}}/T = \sqrt{g/g_{\mathrm{m}}} = \sqrt{1/(1/6)} = 2.4$ 倍ほど長くなる. なお, バネ振り子の場合には, 周期の変化は起こらない.

[**4.3**] (1) $x = x_0 \cos \omega t$. (2) $x = (v_0/\omega) \sin \omega t$. (3) $x = \sqrt{x_0^2 + (v_0/\omega)^2} \sin(\omega t + \phi)$. ただし, $\tan \phi = \omega x_0/v_0$ である. ちなみに, $v_0 = 0$ とおけば (1), $x_0 = 0$ とおけば (2) の解になる.

[**4.4**] ポテンシャルエネルギー U は $U = kx^2/2 = (1/2)A^2 m\omega^2 \sin^2(\omega t + \theta_0)$, 運動エネルギー K は $K = m\dot{x}^2/2 = (1/2)A^2 m\omega^2 \cos^2(\omega t + \theta_0)$ であるから, 力学的エネルギー E は $E = U + K = A^2 m\omega^2/2$ となる. あるいは, この E を用いて $U = E \sin^2(\omega t + \theta_0)$, $K = E \cos^2(\omega t + \theta_0)$ と書ける.

ある量 $O(t)$ の時間 T にわたる時間平均 $\bar{O}$ は $\bar{O} = \dfrac{1}{T}\displaystyle\int_t^{t+T} O(t')\,dt'$ で定義される. これは, 右辺の積分が時刻 t から $t + T$ までの区間における時間軸 t と関数 $O(t)$ に囲まれた図形の面積であり, これを $\bar{O}$ (縦の長さ) $\times$ T (横の長さ) で決まる長方形の面積と等しいとすることによって, 時間平均 $\bar{O}$ を決めたことになる.

ポテンシャルエネルギー U の時間平均 $\bar{U}$ は $\bar{U} = \dfrac{1}{T}\displaystyle\int_t^{t+T} U\,dt = \dfrac{1}{T}\displaystyle\int_t^{t+T} E \sin^2(\omega t + \theta_0)\,dt$ である. ここで, 平均をとる時間 T を振動の1周期 $T = 2\pi/\omega$ にとれば, $\sin^2\theta = (1 - \cos 2\theta)/2$ より $\bar{U} = E/2$ となる ($\cos(2\omega t + 2\theta_0)$ の項は1周期の積分だからゼロになる). 運動エネルギーの平均 $\bar{K}$ も同様にして求まり, $\bar{K} = E/2$ である.

[**4.5**] $\ddot{y} + (\omega^2 - \gamma^2)y = 0$ であるから減衰振動の場合 ($\omega > \gamma$) は $y = a \cos(\sqrt{\omega^2 - \gamma^2}\,t + \alpha)$ より $x = ae^{-\gamma t} \cos(\sqrt{\omega^2 - \gamma^2}\,t + \alpha)$ となる. 臨界減衰の場合 ($\omega = \gamma$) は $y = a_1 t + a_2$ より $x = e^{-\gamma t}(a_1 t + a_2)$ となる. 過減衰の場合 ($\omega < \gamma$) は $y = a_1 \exp(\sqrt{\gamma^2 - \omega^2}\,t) + a_2 \exp(-\sqrt{\gamma^2 - \omega^2}\,t)$ より $x = a_1 \exp(-\gamma t + \sqrt{\gamma^2 - \omega^2}\,t) + a_2 \exp(-\gamma t - \sqrt{\gamma^2 - \omega^2}\,t)$ となる.

[**4.6**] x の時間微分 (ここで $\theta = \omega t - \alpha$ とおく) $\dot{x} = \dot{u} \cos\theta - \omega u \sin\theta$, $\ddot{x} = \ddot{u} \cos\theta - 2\omega\dot{u} \sin\theta - \omega^2 u \cos\theta$ を, $\gamma = 0$ とおいた運動方程式 (4.38) に

代入すると $\ddot{u}\cos\theta - 2\omega\dot{u}\sin\theta = F_e\cos\omega t$ と書けるから $(\ddot{u}\cos\alpha + 2\omega\dot{u}\sin\alpha - F_e)\cos\omega t + (\ddot{u}\sin\alpha - 2\omega\dot{u}\cos\alpha)\sin\omega t = 0$ となる．これが常に成り立つためには $\cos\omega t$ と $\sin\omega t$ の係数はゼロでなければならないから，$\ddot{u}\cos\alpha + 2\omega\dot{u}\sin\alpha = F_e$ と $\ddot{u}\sin\alpha - 2\omega\dot{u}\cos\alpha = 0$ を得る．

これらから関係式 (a) $2\omega\dot{u} = F_e\sin\alpha$ と関係式 (b) $\ddot{u} = F_e\cos\alpha$ を得るが，(a) から $\dot{u}$ = 一定値である．一方，(b) から $\dot{u} = (F_e\cos\alpha)t + C_1$（$C_1$ = 積分定数）であるから，(a) と (b) が矛盾しないためには $F_e\cos\alpha = 0$，$C_1 = (F_e/2\omega)\sin\alpha$ でなければならない．$\cos\alpha = 0$ より $\alpha = \pi/2$ だから $C_1 = F_e/2\omega$ となり $\dot{u} = F_e/2\omega$ である．したがって $u = F_e t/2\omega + C_2$（C_2 = 積分定数）を得る．これより $\gamma = 0$ とおいた (4.38) の一般解は (4.39) に従って $x(t) = C\sin(\omega t + \phi) + (F_e t/2\omega + C_2)\sin\omega t = A'\sin(\omega t + \phi') + (F_e t/2\omega)\sin\omega t$ となる．

［**4.7**］ 特解は $x(t) = \{F_e/(\omega^2 - \omega_e^2)\}(\cos\omega_e t - \cos\omega t)$ である．いま，$\alpha = \pm\varepsilon t$ とおけば $\cos\omega_e t = \cos(\omega t + \alpha) = \cos\omega t\cos\alpha - \sin\omega t\sin\alpha$ である．これに対して $\cos\alpha = 1 - 2\sin^2(\alpha/2)$ と $\sin\alpha = 2\sin(\alpha/2)\cos(\alpha/2)$ を利用すると，$\cos\omega_e t - \cos\omega t = -2\sin(\alpha/2)\sin\{\omega t + (\alpha/2)\} \approx -2\sin(\alpha/2)\sin\omega t$ を得るので題意が示せる．ここで最後の近似は $\omega \gg \varepsilon$ を使った．

第 5 章

［**5.1**］ $\boldsymbol{A} + \boldsymbol{B} = 7\boldsymbol{i} + 2\boldsymbol{j}$，$\boldsymbol{A} - \boldsymbol{B} = -3\boldsymbol{i} + 8\boldsymbol{j}$，$\boldsymbol{A}\cdot\boldsymbol{B} = 10\boldsymbol{i}^2 - 15\boldsymbol{j}^2 = -5$ $(\boldsymbol{i}^2 = \boldsymbol{i}\cdot\boldsymbol{i} = -1)$，$\boldsymbol{A}\times\boldsymbol{B} = -6\boldsymbol{i}\times\boldsymbol{j} + 25\boldsymbol{j}\times\boldsymbol{i} = -6\boldsymbol{k} - 25\boldsymbol{k} = -31\boldsymbol{k}$，$A = \sqrt{\boldsymbol{A}\cdot\boldsymbol{A}} = \sqrt{29}$，$B = \sqrt{\boldsymbol{B}\cdot\boldsymbol{B}} = \sqrt{34}$ である．$\boldsymbol{A}$ と $\boldsymbol{B}$ の間の角度は $\boldsymbol{A}\cdot\boldsymbol{B} = AB\cos\theta = \sqrt{29}\sqrt{34}\cos\theta = -5 < 0$ より $\theta > 90°$ である．

［**5.2**］ 図5.4のように点Pにある質点の位置ベクトルを $\boldsymbol{r}$ として角運動量 $\boldsymbol{l}$ とのスカラー積 $\boldsymbol{r}\cdot\boldsymbol{l}$ を作る．ベクトル積の公式を利用すれば $\boldsymbol{r}\cdot\boldsymbol{l} = \boldsymbol{r}\cdot(\boldsymbol{r}\times\boldsymbol{p}) = (\boldsymbol{r}\times\boldsymbol{r})\cdot\boldsymbol{p} = 0$ であるから，$\boldsymbol{r}$ と $\boldsymbol{l}$ は常に直交している．つまり，質点の位置ベクトル $\boldsymbol{r}$ は，この一定の平面内に常に含まれる．

［**5.3**］ $F_x = -kx$ と $F_y = -ky$ であるから，ともに運動方程式は $\ddot{x} = -kx/m$，$\ddot{y} = -ky/m$ である．どちらも角振動数 $\omega = \sqrt{k/m}$ の単振動 $x = A\sin(\omega t + \alpha)$，$y = B\sin(\omega t + \beta)$ を与える．これらより軌道の式 $x^2/A^2 + y^2/B^2 - (2xy/AB)\cos(\alpha - \beta) = \sin^2(\alpha - \beta)$ を得る．$\alpha - \beta = n\pi$（n は整数）ならば直線上の単振動となるが，それ以外は楕円軌道になる．

［**5.4**］ 地表では $mv^2/R = mg$ であるから，$v = \sqrt{gR} = \sqrt{9.8\times 6.4\times 10^6} = 7.9\,\mathrm{km/s}$ である．また，周期は $T = 2\pi R/v = 5.1\times 10^3 s = 85$ 分である．

［**5.5**］ 地球表面の重力加速度 $g = MG/R^2$ を使って運動方程式の GM に代入す

れば $mr\omega^2 = GmM/r^2 = mgR^2/r^2$ である．周期 $T = 24 \times 60 \times 60\,\mathrm{s}$ は地球の自転の角速度を ω として，$T = 2\pi/\omega$ であるから $r = (gR^2/\omega^2)^{1/3} = (T^2R^2g/4\pi^2)^{1/3} = 4.23 \times 10^4\,\mathrm{km}$ である．高さ h は $h = r - R = 3.59 \times 10^4\,\mathrm{km}$ であり，速さ v は $v = r\omega = 4.23 \times 10^4 \times 2\pi/(24 \times 60 \times 60) = 3.07\,\mathrm{km/s}$ である．

[**5.6**] 角速度は遅くなる．しかし，角運動量は保存するから変らない．

[**5.7**] $mv^2/r = F = GMm/r^n$ より $GM = v^2r^{n-1}$ であるが，$vT = 2\pi r$ を使って v を消すと $GM = 4\pi^2r^{n+1}/T^2$ である．ケプラーの第 3 法則より $T^2 \propto r^3$ であるから，$GM = 4\pi^2r^{n-2} =$ 一定 より $n = 2$ である．

[**5.8**] このような変数変換を考える理由をまず説明する．r の時間微分は $dr/dt = (d\theta/dt)(dr/d\theta) = (h/r^2)(dr/d\theta)$ であるが，これをさらに時間微分して d^2r/dt^2 を計算すると煩雑になり見通しが悪くなる．このため，$u(r) = 1/r$ とおきかえるのである．u を θ で微分すると $du/d\theta = (dr/d\theta)(du/dr) = (dr/d\theta)(d(1/r)/dr) = -(1/r^2)(dr/d\theta)$ であるから，$dr/dt = -h(du/d\theta)$ となる．これを時間微分すれば $d^2r/dt^2 = (d/dt)(dr/dt) = (d/dt)(-h\,du/d\theta) = -h(d\theta/dt)\{(d/d\theta)(du/d\theta)\} = -(h^2/r^2)(d^2u/d\theta^2)$ となるので，(5.33) から (5.34) を得る．

第 6 章

[**6.1**] 力積の大きさ $\tilde{F}$ は(6.5)より $|\varDelta \boldsymbol{p}| = \sqrt{(\boldsymbol{p}_2 - \boldsymbol{p}_1)^2} = \sqrt{p_2^2 - 2\boldsymbol{p}_2\cdot\boldsymbol{p}_1 + p_1^2}$ であるが，題意から $\boldsymbol{p}_2\cdot\boldsymbol{p}_1 = 0$ なので $\tilde{F} = \sqrt{(mv_1)^2 + (mv_2)^2} = m\sqrt{v_1^2 + 2gh}$ となる．ここで打撃後の速さ v_2 に対しては力学的エネルギー保存則 $mv_2^2/2 = mgh$ を用いて h で書きかえた．入射ボールに加える力積ベクトルの向きは，打ち返されたボールが進む方向の水平線から上向きに測った角度を θ とすれば，$\tan\theta = mv_2/mv_1 = \sqrt{2gh}/v_1$ で与えられる．

[**6.2**] 2 人とボールの運動量の和は保存するから，$M_\mathrm{A}v_\mathrm{A} + mv = 0, (M_\mathrm{B} + m)v_\mathrm{B} = mv$ が成り立つ．これらより A は速度 $v_\mathrm{A} = -mv/M_\mathrm{A}$ で，B は $v_\mathrm{B} = mv/(M_\mathrm{B} + m)$ で等速度運動することがわかる．

[**6.3**] 運動量の保存則 $m\boldsymbol{v} = m\boldsymbol{u}_1 + m\boldsymbol{u}_2$ から $\boldsymbol{v} = \boldsymbol{u}_1 + \boldsymbol{u}_2$ を得る．また，力学的エネルギーの保存則 $mv^2/2 = mu_1{}^2/2 + mu_2{}^2/2$ から $v^2 = u_1{}^2 + u_2{}^2$ を得る．この 2 つの関係式から $\boldsymbol{u}_1\cdot\boldsymbol{u}_2 = 0$ を得る．つまり，$\boldsymbol{u}_1$ と $\boldsymbol{u}_2$ は常に直交する．

[**6.4**] 時刻 t での質量を m とし，dt 時間の間に $-dm$ だけの質量をガスとして噴出する．時刻 t で質量 m，速度 v，時刻 $t + dt$ で質量 $m - (-dm) = m + dm$ の部分が速度 $v + dv$，質量 $-dm$ の部分が速度 v' になるから，運動量保存則は $mv = (m + dm)(v + dv) + (-dm)v'$ より $m\,dv = -(v - v')\,dm =$

$-U\,dm$ を得る（ただし，$dm\,dv \approx 0$ とする）．これから運動方程式は $m\,dv/dt = -U\,dm/dt$ となり，変形して $dv = -U\,dm/m$ を得る．両辺を積分して $v = -U\log m + C$ となる（C は積分定数）．$dm/dt = -\alpha$ より $m(t) = m_0 - \alpha t$ である．$t = 0$ で $v = 0$，$m = m_0$ だから $C = U\log m_0$ となり $v(t) = U\log(m_0/m) = U\log\{m_0/(m_0 - \alpha t)\}$ を得る．これをさらに t で積分し，$t = 0$ で $x = 0$ とすると $x(t) = U\,[t + (m_0/\alpha - t)\log\{(m_0 - \alpha t)/m_0\}]$ となる．当然 $m(t) > 0$ であるから，この結果は $\alpha t < m_0$ の間だけ成り立つものである．

［**6.5**］ (6.16)の両辺に $m_1 + m_2$ を掛けた $(m_1 + m_2)\boldsymbol{R} = m_1\boldsymbol{r}_1 + m_2\boldsymbol{r}_2$ から $m_1(\boldsymbol{R} - \boldsymbol{r}_1) = m_2(\boldsymbol{r}_2 - \boldsymbol{R})$ を得る．図 6.6 で $\overline{\mathrm{PG}} = |\boldsymbol{R} - \boldsymbol{r}_1|$，$\overline{\mathrm{GQ}} = |\boldsymbol{r}_2 - \boldsymbol{R}|$ とおいて得られる関係式 $\overline{\mathrm{PG}} : \overline{\mathrm{GQ}} = m_2 : m_1$ から，点 G が線分 $\overline{\mathrm{PQ}}$ を $m_2 : m_1$ に内分する点であることがわかる．

［**6.6**］ 花火の重心は放物運動を続ける．

［**6.7**］ 密度を ρ とする．半球を薄い円板に分割する．半球の中心から円板の中心までの距離を x とすると，円板の半径は $\sqrt{R^2 - x^2}$ である．厚さ dx の円板の質量は $dm = \rho\pi(R^2 - x^2)\,dx$ であるから，$X = \int_0^R x\,dm \Big/ \int_0^R dm = \dfrac{3R}{8}$ である．つまり，重心は球の中心から距離 $3R/8$ の点である．

［**6.8**］ 円板の角速度を $-d\theta/dt$ とする．また，A の円板に対する角速度を $d\phi/dt$ とする．静止した地上（慣性系）から見た A の速さは $R(d\phi/dt - d\theta/dt)$，B の速さは $-R\,d\theta/dt$ であるから，角運動量 L は $L = M_{\mathrm{A}}R^2(d\phi/dt - d\theta/dt) - M_{\mathrm{B}}R^2\,d\theta/dt$ である．初め静止していたから，$L = 0$ である．したがって，$(M_{\mathrm{A}} + M_{\mathrm{B}})\,d\theta/dt = M_{\mathrm{A}}\,d\phi/dt$ より $\theta = \phi M_{\mathrm{A}}/(M_{\mathrm{A}} + M_{\mathrm{B}})$ となる．$\phi = \pi$ を代入すると，回転角 $\alpha = \pi M_{\mathrm{A}}/(M_{\mathrm{A}} + M_{\mathrm{B}})$ を得る．

第 7 章

［**7.1**］ 中空の球の方が慣性モーメントが大きいので，2 つを同時に斜面上を転がせば，中空の球の方が遅く落ちてくる．

［**7.2**］ 慣性モーメント $I = 2 \times (ML^2/3) = 3000\,\mathrm{kg\cdot m^2}$，角速度 $\omega = 2\pi \times 300/60 = 10\pi$ を用いて，回転の運動エネルギーは $K_{\mathrm{R}} = I\omega^2/2 = 1.5 \times 10^6\,\mathrm{J}$ となる．

［**7.3**］ m_1 が下降する加速度を a とすれば，$m_1 g - T_1 = m_1 a$ と $T_2 - m_2 g = m_2 a$ を得る．一方，円板の回転運動は (7.12) より $I\dot{\omega} = Ia/r = (T_1 - T_2)r$ で与えられる（$v = r\omega$, $a = \dot{v} = r\dot{\omega}$）．したがって，加速度は $a = g(m_1 - m_2)/(m_1 + m_2 + I/r^2)$ となる．

［**7.4**］ b の辺を支点とした板の慣性モーメントは $I = \int_0^a x^2 \left(\dfrac{M}{ab}\right) b\,dx =$

$\dfrac{Ma^2}{3}$ である．実体振り子の OG $= h$ は支点と重心間の距離であるから，この問題では，$h = a/2$ である．したがって，(7.16) で $h = a/2$ とおいた式に代入すれば，周期は $T = 2\pi\sqrt{2a/3g}$ となる．

[**7.5**] 初めにボールがもっていた運動エネルギーは並進による $K_{\mathrm{T}} = m{v_0}^2/2$ と回転による $K_{\mathrm{R}} = I\omega^2/2$ の和であるから，$v_0 = a\omega$ に注意すれば $K = K_{\mathrm{T}} + K_{\mathrm{R}} = (7/5)(mv_0^2/2)$ である．これが位置エネルギー $U = mgh$ に等しいから，$K = U$ より $h = (7/5)(v_0^2/2g)$ である．

[**7.6**] 摩擦力は $F = \mu Mg\cos\theta$ で与えられているから，運動方程式(7.31)と(7.32)は，それぞれ $M\ddot{X} = Mg\sin\theta - \mu Mg\cos\theta = Mg(\sin\theta - \mu\cos\theta)$，$I_{\mathrm{G}}\dot{\omega} = a\mu Mg\cos\theta$ になる．これらの右辺は定数であるから，等加速度運動である．積分して $\dot{X} = g(\sin\theta - \mu\cos\theta)\,t$，$X = g(\sin\theta - \mu\cos\theta)\,t^2/2$，$\omega = \dot{\phi} = a\mu Mgt\cos\theta/I_{\mathrm{G}}$ を得る．したがって，力学的エネルギーは $K_{\mathrm{T}} = M\dot{X}^2/2 = Mg^2t^2(\sin\theta - \mu\cos\theta)^2/2$，$K_{\mathrm{R}} = I_{\mathrm{G}}\dot{\phi}^2/2 = (Ma^2t^2/2I_{\mathrm{G}})(Mg^2\mu^2\cos^2\theta) = (1/2)\,Mg^2t^2\{\beta/(1-\beta)\}\,\mu^2\cos^2\theta$，$U = MgX\sin\theta = (1/2)Mg^2t^2(\sin\theta - \mu\cos\theta)\sin\theta$ となる．ここで，K_{R} には $Ma^2/I_{\mathrm{G}} = \beta/(1-\beta)$ を使った．$\Delta E = K_{\mathrm{T}} + K_{\mathrm{R}} - U = -(1/2)Mg^2t^2\mu\cos\theta\{\sin\theta - \mu\cos\theta/(1-\beta)\}$ である．つまり，力学的エネルギーが保存しなかった（$\Delta E \neq 0$）のは，物体の滑りとともに摩擦力がする仕事に使われたからである．

摩擦力による仕事は $W_F = -\int F\,dx = -\int_0^t Fu\,dt$ で（$u = dx/dt$ に注意），滑りの速度 u が $u = \dot{X} - a\omega = gt\{\sin\theta - \mu\cos\theta/(1-\beta)\}$ であることを使って計算すれば，ΔE に一致することがわかる．

[**7.7**] 例題 7.5 の円板の結果を利用するために，球を z 軸に垂直な平面で厚さ dz の薄い円板に分けて考える．中心から z のところにある円板の半径は $r(z) = \sqrt{a^2 - z^2}$ である．このとき，厚さ dz の円板の体積は $\pi r^2\,dz$ であるから，この円板の質量 dm は密度を ρ とすれば $dm = \rho\pi(a^2 - z^2)\,dz$ である．質量 dm で半径 $r(z)$の円板の慣性モーメント dI は(7.20)より $dI = (dm/2)r^2 = \rho\pi(a^2 - z^2)^2\,dz/2$ である．この dI を z で積分すれば，$I_z = \int dI = \dfrac{1}{2}\rho\pi\int_{-a}^{a}(a^2 - z^2)^2\,dz = \dfrac{2}{5}Ma^2$ と求まる（$\rho = 3M/4\pi a^3$）．

[**7.8**] (7.54)の x 成分は，直交座標で成分を書けば位置ベクトル $\boldsymbol{r}_i = (x_i, y_i, z_i)$，角速度ベクトル $\boldsymbol{\omega} = (\omega_x, \omega_y, \omega_z)$であるから $L_x = \sum_i m_i\{\omega_x(\boldsymbol{r}_i\cdot\boldsymbol{r}_i) - x_i(\boldsymbol{r}_i\cdot\boldsymbol{\omega})\} = \sum_i m_i\{\omega_x({x_i}^2 + {y_i}^2 + {z_i}^2) - x_i(x_i\omega_x + y_i\omega_y + z_i\omega_z)\} = \omega_x\sum_i m_i({y_i}^2 + {z_i}^2) - \omega_y\sum_i m_ix_iy_i - \omega_z\sum_i m_ix_iz_i = I_{11}\omega_x + I_{12}\omega_y + I_{13}\omega_z$ となる．同様に，

L_y と L_z も導くことができる.

第 8 章

[8.1] 運動方程式 $ma = m(g\tan\theta) = mv^2/r$ より, $\tan\theta = v^2/gr = 22^2/(9.8\times 500) = 0.098 = 0.1$ である. $\tan\theta = 0.1$ から θ を求めるためには関数電卓などで計算しなければならないが, θ が小さい場合, $\tan\theta \approx \theta$ となることを, ここでは利用してもよいだろう. このとき $\theta = 0.1\,\mathrm{rad}$ で $\theta \approx 6^\circ$ となる.

[8.2] 赤道上の遠心力の加速度 a と g との比は, $a/g = \omega^2R/g = (2\pi/24\times 60\times 60)^2 \times 6400\times 10^3/9.8 = 0.034/9.8 \approx 1/300$ である. つまり, 遠心力が最大の赤道上でも, その大きさは重力の 1/300 程度である.

[8.3] 運動方程式 $mr\omega^2 = mr(2\pi f)^2 = mg$ より, 回転数 f は $f = \sqrt{g/r}/2\pi = \sqrt{9.8/1.5}/2\pi = 0.41$, つまり毎秒 0.41回である.

[8.4] 地上 (慣性系) にいる人には, 等速直線運動が観測される. なぜなら, 慣性系から見ていたら, 球にはたらく力は球が蹴られた瞬間だけであって, その後は力がはたらいていないからである. 一方, メリーゴーランド上にいる人には, 球が右にそれて運動していくのが観測される. なぜなら, 球には遠心力とコリオリの力がはたらくからである. 蹴られた直後の速度は小さいから遠心力の方が強くはたらくが, この遠心力によってやがて速度が大きくなるとコリオリの力も大きくなってくる.

[8.5] 回転座標系 K′ では, ガラス管は K′ 系の x' 軸上に固定されている. このとき, 小球の位置 P を表す座標値は $(x', 0)$ であるから, 位置ベクトル $\boldsymbol{r}$ の成分表示は $(x', 0)$ である. このため, 小球が動けるのは x' 軸方向だけだから, 速度 $\boldsymbol{v}'$ の成分は $(v_{x'}, 0)$ であり, 加速度も y' 成分はゼロである. また, 小球にはたらく力 $\boldsymbol{F}$ はガラス管の内壁から受ける y' 軸方向の垂直抗力 R だけであるから, 力 $\boldsymbol{F}$ の成分は $(F_{x'}, F_{y'}) = (0, R)$ である. このような条件で K′ 系の運動方程式 (8.24), (8.25) を書けば $m\,d^2x'/dt^2 = m\omega^2 x'$ (x' 方向の式), $m\,d^2y'/dt^2 = 0 = R - 2m\omega v_{x'}$ (y' 方向の式) となる. x' 方向の運動方程式の解を $x' = \exp(\lambda t)$ とおいて代入すると, $\lambda^2 = \omega^2$ より $\lambda = \pm\,\omega$ である. したがって, 解は $\exp(\omega t)$ と $\exp(-\,\omega t)$ であるから, 一般解はこれらの重ね合わせで求まる. つまり, C_1, C_2 を適当な定数とすれば, 一般解は $x'(t) = C_1e^{\omega t} + C_2e^{-\omega t}$ である. 初期条件 $x'(0) = x_0$, $\dot{x}'(0) = 0$ より $x'(0) = C_1 + C_2 = x_0$ と $v_{x'}(0) = \omega C_1 - \omega C_2 = 0$ となり, $x'(t) = x_0(e^{\omega t} + e^{-\omega t})/2$, $v_{x'}(t) = x_0\omega(e^{\omega t} - e^{-\omega t})/2$ を得る. 垂直抗力 R は y' 方向の運動方程式から $R(t) = 2m\omega v_{x'} = mx_0\omega^2(e^{\omega t} - e^{-\omega t})$ である.

次に, この問題を慣性系 K から考えてみよう. K 系では運動方程式 (8.22) が成り立つが，この問題には2次元極座標表示の運動方程式（5.16）と（5.17）の $m(\ddot{r}-r\dot{\theta}^2)=F_r$，$m(r\ddot{\theta}+2\dot{r}\dot{\theta})=F_\theta$ を用いた方が便利である．r 方向は x' 方向と同じであり，θ 方向は y' 方向と同じであることに注意すれば，$r=x'$，$\dot{r}=v_{x'}$，$\dot{\theta}=\omega$，$\ddot{\theta}=0$，$F_r=0$，$F_\theta=R$ などから，極座標系の運動方程式は回転座標系の運動方程式と同じものであることがわかる．したがって，K′系の結果と同一のものが導かれることになる．

[8.6] $\boldsymbol{\omega}$ の次元 1/T と $\boldsymbol{v}'$ の次元 L/T から加速度の次元 $\mathrm{L/T^2}$ を作るには，$\boldsymbol{\omega}$ と $\boldsymbol{v}'$ の積をとればよい．$\boldsymbol{v}'\cdot\boldsymbol{\omega}$ と $\boldsymbol{v}'\times\boldsymbol{\omega}$ の2通りがあるが，ベクトルを作るためにはベクトル積 $\boldsymbol{v}'\times\boldsymbol{\omega}$ でなければならない．

[8.7] （1） 遠心力 $\boldsymbol{F}^{\mathrm{cf}}$ を感じる．その大きさは $F^{\mathrm{cf}}=Mr\omega^2=0.62M$ [N] である．重力 Mg と比べると $F^{\mathrm{cf}}/Mg=0.62/g=0.06$ だから，遠心力の大きさは重力の6％程度である．なお，立っていられるのは，床からこれと同じ大きさで向きが反対の摩擦力を受けているからである．

（2） このときに感じる力はコリオリの力 F^{CO} であり，成分は $F_x^{\mathrm{CO}}=2M\omega v_y$，$F_y^{\mathrm{CO}}=-2M\omega v_x$ である．歩く速度が $v=1\,\mathrm{m/s}$ ならば $F^{\mathrm{CO}}=2M\omega v=1.57M$ [N] となり，遠心力より大きいことがわかる．

（3） 2つの慣性力の合力 $\boldsymbol{F}=\boldsymbol{F}^{\mathrm{cf}}+\boldsymbol{F}^{\mathrm{CO}}$ の成分は $F_x=F_x^{\mathrm{cf}}+F_x^{\mathrm{CO}}=M\omega^2x+2M\omega v_y$，$F_y=F_y^{\mathrm{cf}}+F_y^{\mathrm{CO}}=M\omega^2y-2M\omega v_x$ であるから，これらがゼロになるように歩けばよい．いま，点Pを x 軸上にとると $x=1$，$y=0$ であるから $v_x=0$，$v_y=-\omega/2=-\pi/8=-0.39\,\mathrm{m/s}$ である．コリオリの力は進行右向きにはたらくから，それと遠心力がつり合うためには，z 軸が右側に見えるように歩けばよい．

[8.8] 地球の外に固定した座標系（慣性系）を考える．そこから見ると，自転している地球は非慣性系である．地球は北極の方から見ると反時計回りに自転している．マストの先端は根本よりも大きな速度で東（右側）に動いている．このためマストの先端から落とした球は，根本に対して東の方へ水平な初速度 $v=\omega h$ をもっている．同時に，この球は鉛直下方に自由落下する．球がマストの根本に落ちる時間 t は，$h=gt^2/2$ より $t=\sqrt{2h/g}$ であるから，$d=vt=\omega h\sqrt{2h/g}$ だけマストの根本よりも東へずれることになる．つまり，上空に比べて，遅く移動する地表を基準にとったために生じた東方へのズレである．例えば，$h=100\,\mathrm{m}$ であれば，$d=(2\pi/24\times60\times60)\times100\times\sqrt{200/9.8}=0.0195\,\mathrm{m}=2.0\,\mathrm{cm}$ である．なお，運動方程式（8.50）を用いて，この問題をより厳密に取り扱えば，この球はナイルの放物線とよばれる軌道で表されることがわかる．ちなみに，$h=100\,\mathrm{m}$ のとき $d\approx1.3\,\mathrm{cm}$ になる．

さらに勉強するために

本書は力学の基礎的な内容を扱っているので，さらに広く深く力学を学ぶために役立つと思われるものを少し挙げておく．なお，本書の執筆においても，下記の書物からはいろいろと学び，参考にさせて頂いたことを付記しておく．

(1) 原島 鮮：「力学（三訂版）」（裳華房）

(2) 小出昭一郎：「力学　物理学［分冊版］」（裳華房）

(3) 戸田盛和：「力学」（岩波書店）

(4) 山内恭彦：「一般力学（増訂第 3 版）」（岩波書店）

いずれも，丁寧な記述で標準的な本である．

(5) 吉田春夫：「キーポイント力学」（岩波書店）

絞り込んだテーマに対して，懇切丁寧にわかりやすく解説した本である．

(6) 原 康夫：「理工系の基礎物理　力学」（学術図書出版社）

身近な現象をたくさん例題にしているので，物理的なものの見方が養える本である．

(7) ゴールドスタイン 著，野間 進・瀬川富士 共訳：「古典力学」（吉岡書店）

理論物理を志す人には有名な本である．

(8) ランダウ - リフシッツ 共著，広重 徹，水戸 巌 共訳：「力学」（東京図書）

記述は簡潔で，力学を統一的に把握するのに適した本である．

(9) バージャー - オルソン 共著，戸田盛和・田上由紀子 共訳：「力学 ―新しい視点にたって―」（培風館）

面白い話題やユニークな題材をたくさん含んだ楽しい本である．

索　　引

レ

著者略歴

河辺哲次（かわべてつじ）

1949年　福岡県出身
1972年　東北大学工学部原子核工学科卒
1977年　九州大学大学院理学研究科（物理学）博士課程修了（理学博士）

その後，高エネルギー物理学研究所（現：高エネルギー加速器研究機構）助手，九州芸術工科大学助教授，同教授を経て，現在，九州大学大学院教授．

その間，文部省在外研究員としてコペンハーゲン大学のニールス・ボーア研究所（デンマーク国）に留学．専門は素粒子論，場の理論におけるカオス現象．著書：「ベーシック　電磁気学」（裳華房），訳書：「マクスウェル方程式」（岩波書店）．

スタンダード　力学

2006年1月30日　第1版発行
2013年1月30日　第5版1刷発行

検印
省略

定価はカバーに表示してあります．

増刷表示について
2009年4月より「増刷」表示を『版』から『刷』に変更いたしました．詳しい表示基準は弊社ホームページ
http://www.shokabo.co.jp/
をご覧ください．

著作者　河辺哲次
発行者　吉野和浩
発行所　〒102-0081
東京都千代田区四番町8-1
電話03-3262-9166～9
株式会社　裳華房
印刷所　横山印刷株式会社
製本所　株式会社　青木製本所

社団法人
自然科学書協会会員

ISBN 978-4-7853-2224-3

ギリシャ文字

大文字	小文字	読み方	大文字	小文字	読み方
A	α	アルファ	N	ν	ニュー
B	β	ベータ	Ξ	ξ	グザイ（クシー）
Γ	γ	ガンマ	O	o	オミクロン
Δ	δ	デルタ	Π	π	パイ
E	ε, ϵ	イプシロン	P	ρ	ロー
Z	ζ	ゼータ（ツェータ）	Σ	σ	シグマ
H	η	イータ（エータ）	T	τ	タウ
Θ	θ, ϑ	シータ（テータ）	Υ	υ	ユープシロン
I	ι	イオタ	Φ	ϕ, φ	ファイ
K	κ	カッパ	X	χ	カイ
Λ	λ	ラムダ	Ψ	ψ	プサイ
M	μ	ミュー	Ω	ω	オメガ